駿台受験シリーズ

短期攻略

大学入学 共通テスト

数学I・A

実戦編

問題編

目 次

《解答上の注意》

小数の形で解答する場合，指定された桁数の一つ下の桁を四捨五入して答えます。また，必要に応じて，指定された桁まで0を入れて答えます。

例えば，［ア］.［イウ］に2.5と答えたいときには，2.50として答えます。

§1 数と式

★1 【10分】

$$A=3x^2-xy+2y^2, \quad B=6x^2+xy-3y^2$$

とする。

(1) 積 AB を展開したとき，x^3y の係数は アイ であり，x^2y^2 の係数は ウ である。また，A^2-B^2 を展開したとき，x^2y^2 の係数は エオ である。

(2) $2B-3A$ を整理すると

$$\boxed{カ}\,x^2+\boxed{キ}\,xy-\boxed{クケ}\,y^2$$

であり，さらに因数分解すると

$$\left(x+\boxed{コ}\,y\right)\left(\boxed{サ}\,x-\boxed{シ}\,y\right)$$

となる。

また，B^2-A^2 を因数分解すると

$$\left(\boxed{ス}\right)\left(\boxed{セ}\right)\left(\boxed{ソ}\right)\left(\boxed{タ}\right)$$

となる。 ス ～ タ に当てはまるものを，次の ⓪～⑦ のうちから一つずつ選べ。ただし，解答の順序は問わない。

⓪ $x+y$ ① $x-y$ ② $x+5y$ ③ $x-5y$
④ $3x+y$ ⑤ $3x-y$ ⑥ $3x+5y$ ⑦ $3x-5y$

★2 【10 分】

a，b を定数として，x に関する二つの整式

$$A=(x+2)(x-a),\qquad B=3x+b$$

を考える。積 AB を展開したときの x^2 の係数は -2，定数項は -6 である。
このとき

$$3a-b=\boxed{\text{ア}},\qquad ab=\boxed{\text{イ}}$$

であり，x の係数は $\boxed{\text{ウエオ}}$ である。また，a，b の値は

$$a=\boxed{\text{カ}},\quad b=\boxed{\text{キ}}\quad \text{または}\quad a=\frac{\boxed{\text{クケ}}}{\boxed{\text{コ}}},\quad b=\boxed{\text{サシ}}$$

である。

$a=\boxed{\text{カ}}$ のとき，2 次方程式 $A=-5$ の正の解を c とすると

$$c=\frac{\boxed{\text{ス}}+\sqrt{\boxed{\text{セ}}}}{\boxed{\text{ソ}}}$$

であり

$$c-\frac{1}{c}=\boxed{\text{タ}},\qquad c^2+\frac{1}{c^2}=\boxed{\text{チ}}$$

である。

★3　【10分】

$a=\dfrac{2}{2+\sqrt{3}}$，$b=\dfrac{2}{2-\sqrt{3}}$とする。

(1)

$$a=\boxed{\text{ア}}-\boxed{\text{イ}}\sqrt{\boxed{\text{ウ}}}$$

$$b=\boxed{\text{エ}}+\boxed{\text{オ}}\sqrt{\boxed{\text{カ}}}$$

であり

$$a+b=\boxed{\text{キ}},\quad ab=\boxed{\text{ク}}$$

$$\frac{b}{a}+\frac{a}{b}=\boxed{\text{ケコ}}$$

である。

(2)　$2(b-a)$の整数部分をmとすると

$$m=\boxed{\text{サシ}}$$

である。

また，$\dfrac{2b}{3a}$の小数部分をdとすると

$$d=\frac{\boxed{\text{スセソ}}+\boxed{\text{タ}}\sqrt{\boxed{\text{チ}}}}{\boxed{\text{ツ}}}$$

である。

【10 分】

2 次方程式 $10x^2-23x+12=0$ の解を a，$b(a>b)$ とおくと

$$a=\frac{\boxed{ア}}{\boxed{イ}},\quad b=\frac{\boxed{ウ}}{\boxed{エ}}$$

である。

方程式 $|(\sqrt{13}-1)x-1|=3$ の解を c，$d(c>d)$ とおくと

$$c=\frac{\boxed{オ}+\sqrt{13}}{\boxed{カ}},\quad d=-\frac{\boxed{キ}+\sqrt{13}}{\boxed{ク}}$$

である。

(1) a，b，c，$|d|$ の大小関係として正しいものを，次の ⓪～⑧ のうちから一つ選べ。$\boxed{ケ}$

⓪ $b<a<c<|d|$　① $b<a<|d|<c$　② $b<c<a<|d|$
③ $b<|d|<a<c$　④ $b<c<|d|<a$　⑤ $b<|d|<c<a$
⑥ $|d|<b<a<c$　⑦ $|d|<b<c<a$　⑧ $|d|<c<b<a$

(2) a，$\frac{1}{a}$，b，$\frac{1}{b}$，c，$\frac{1}{c}$ をそれぞれ小数で表したときに有限小数となるものは $\boxed{コ}$，$\boxed{サ}$，$\boxed{シ}$ であり，循環小数となるものは $\boxed{ス}$ である。$\boxed{コ}$ ～ $\boxed{ス}$ に当てはまるものを，次の ⓪～⑤ のうちから一つずつ選べ。ただし，$\boxed{コ}$，$\boxed{サ}$，$\boxed{シ}$ の解答の順序は問わない。

⓪ a　① $\frac{1}{a}$　② b　③ $\frac{1}{b}$　④ c　⑤ $\frac{1}{c}$

★★5　【10分】

a を定数として，x についての2次方程式

$$2x^2-(7a-8)x+3a^2+a-10=0 \quad \cdots\cdots ①$$

を考える。方程式①の解は

$$\boxed{ア}a-\boxed{イ}, \quad \frac{\boxed{ウ}}{\boxed{エ}}a+\boxed{オ}$$

であり，①の2解の積が2になるような a の値は

$$a=\boxed{カ}, \quad \frac{\boxed{キク}}{\boxed{ケ}}$$

である。

また，①の2解の和が1より大きくなるような a の値の範囲は

$$a>\frac{\boxed{コサ}}{\boxed{シ}}$$

であり，2解の差が1より大きくなるような a の値の範囲は

$$a<\boxed{ス}, \quad \frac{\boxed{セソ}}{\boxed{タ}}<a$$

である。したがって，①の2解の和も差もともに1より大きくなるような整数 a の最小値は $\boxed{チ}$ である。

★★6 【10分】

aを定数として，xについての方程式①と不等式②を考える。

$$|2x-1|-|x+1|=1 \quad \cdots\cdots①$$

$$|x+a+1| \leqq 4 \quad \cdots\cdots②$$

(1) $x>\frac{1}{2}$を満たす①の解は［ア］であり，$-1 \leqq x \leqq \frac{1}{2}$を満たす①の解は$\frac{［イウ］}{［エ］}$である。

(2) $a=3$のとき，②の解は［オカ］$\leqq x \leqq$［キ］である。

(3) ①のすべての解が②を満たすような整数aの値は［ク］個あり，そのうち最小のものは［ケコ］である。

★★★7　【12分】

a を実数として

$$P=x^2+(a-4)x-2a^2+a+3$$

とする。右辺を因数分解すると

$$P=\left(x-a-\boxed{\text{ア}}\right)\left(x+\boxed{\text{イ}}\,a-\boxed{\text{ウ}}\right)$$

となるから，$P=0$ を満たす x の値を x_1，x_2 とすると

$$x_1=a+\boxed{\text{ア}},\quad x_2=-\boxed{\text{イ}}\,a+\boxed{\text{ウ}}$$

と表せる。

$y=|x_1|+|x_2|$ とする。

・$a \leqq -\boxed{\text{エ}}$ のとき

$$y=\boxed{\text{オカ}}\,a+\boxed{\text{キ}}$$

・$-\boxed{\text{エ}} \leqq a \leqq \dfrac{\boxed{\text{ク}}}{\boxed{\text{ケ}}}$ のとき

$$y=\boxed{\text{コ}}\,a+\boxed{\text{サ}}$$

・$\dfrac{\boxed{\text{ク}}}{\boxed{\text{ケ}}} \leqq a$ のとき

$$y=\boxed{\text{シ}}\,a-\boxed{\text{ス}}$$

である。

(次ページに続く。)

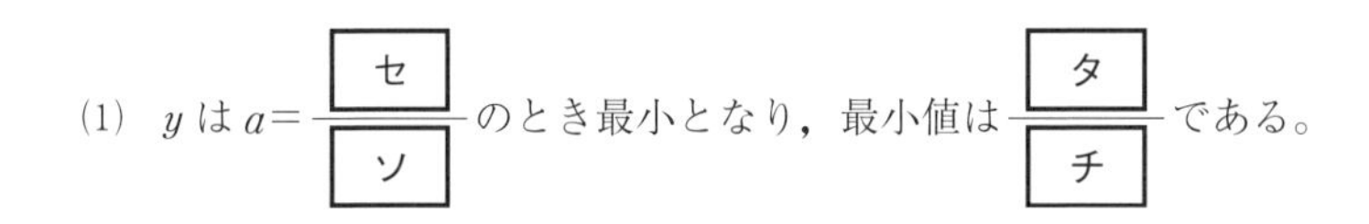

(1)　y は $a=\dfrac{\boxed{セ}}{\boxed{ソ}}$ のとき最小となり，最小値は $\dfrac{\boxed{タ}}{\boxed{チ}}$ である。

(2)　$y<10$ を満たす a の値の範囲は

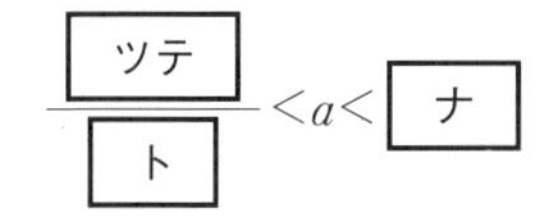

$$\frac{\boxed{ツテ}}{\boxed{ト}}<a<\boxed{ナ}$$

であり，$y<10$ となるような整数 a の個数は $\boxed{ニ}$ 個である。

(3)　$y<k$ を満たす整数 a の個数が 3 個になるような実数 k の値の範囲は

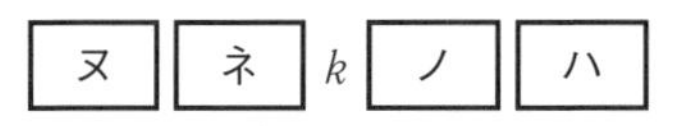

$$\boxed{ヌ}\ \boxed{ネ}\ k\ \boxed{ノ}\ \boxed{ハ}$$

である。$\boxed{ネ}$，$\boxed{ノ}$ には，当てはまるものを，次の ⓪，① のうちから一つずつ選べ。ただし，同じものを選んでもよい。

⓪　＜　　　　　　　　　　①　≦

★★★8　【12分】

一郎さんと良子さんのクラスでは，数学の授業で先生から次の**問題**が宿題として出された。

> **問題**　a を定数とする。連立方程式
>
> $$\begin{cases} x^2+xy+y^2=7a-7 \\ x^2-xy+y^2=a+11 \end{cases}$$
>
> の解を求めよ。

この**問題**について，一郎さんと良子さんは次のような会話をした。二人の会話を読み，下の問いに答えよ。

> 一郎：連立方程式といえば，一文字消去が基本だけど，この式ではどうやって消去したらいいかわからないし，他の方法を考えないといけないね。
> 良子：そういうときは式の特徴を生かせばいいよ。
> 一郎：二つの式はどちらも x^2+y^2 と xy の式だから，x^2+y^2 と xy の値が a で表せるね。
> 良子：そうすれば，$(x+y)^2$ と $(x-y)^2$ の値が求まるから，$x+y$ と $x-y$ の値を求めることができるね。
> 一郎：なんとか解けそうだね。

(1)　x^2+y^2 と xy の値を a で表すと

$x^2+y^2=$ [ア] $a+$ [イ]，　$xy=$ [ウ] $a-$ [エ]

となるから

$(x+y)^2=$ [オカ] $a-$ [キク]，　$(x-y)^2=$ [ケコ] $a+$ [サシ]

である。

(次ページに続く。)

(2)　この連立方程式が $x=y$ を満たす解をもつのは，$a=$ [スセ] のときであり，このとき解は

$$x=y=\pm\sqrt{\boxed{ソタ}}$$

である。

　また，$a=4$ のとき，$0<x<y$ を満たす解は

$$x=\sqrt{\boxed{チ}}-\sqrt{\boxed{ツ}},\quad y=\sqrt{\boxed{チ}}+\sqrt{\boxed{ツ}}$$

である。

一郎さんと良子さんはさらに次のような会話をした。

> 一郎：この連立方程式はいつでも実数解をもつわけじゃないみたいだね。
> 良子：そうだね。
> 一郎：どんなときに実数解をもつか，調べてみよう。

(3)　この連立方程式が実数解をもつような a の値の範囲は

$$\frac{\boxed{テ}}{\boxed{ト}}\leqq a\leqq\boxed{ナニ}$$

である。さらに，$0<x\leqq y$ を満たす解をもつような a の値の範囲は

$$\boxed{ヌ}<a\leqq\boxed{ネノ}$$

である。

§2　集合と命題

★9　【15分】

1から99までの自然数の集合を全体集合Uとし，その部分集合A，B，Cを次のように定義する。

$A=\{x \mid x$は4の倍数$\}$
$B=\{x \mid x$は6の倍数$\}$
$C=\{x \mid x$は24の倍数$\}$

(1)　次の(i)〜(iv)が真の命題になるように，［ア］〜［エ］に当てはまるものを，下の⓪〜⑧のうちから一つずつ選べ。ただし，同じものを繰り返し選んでもよい。

(i)　$A\cap B$［ア］12　　(ii)　A［イ］C

(iii)　$A\cap B$［ウ］C　　(iv)　A［エ］$C=C$

⓪ $\in$　① $\ni$　② $\notin$　③ $\not\ni$　④ $\subset$
⑤ $\supset$　⑥ $\cap$　⑦ $\cup$　⑧ $=$

(2)　集合A，B，Cの間の関係を表す図は，次の⓪〜⑤のうち［オ］である。

⓪
U C A B

①
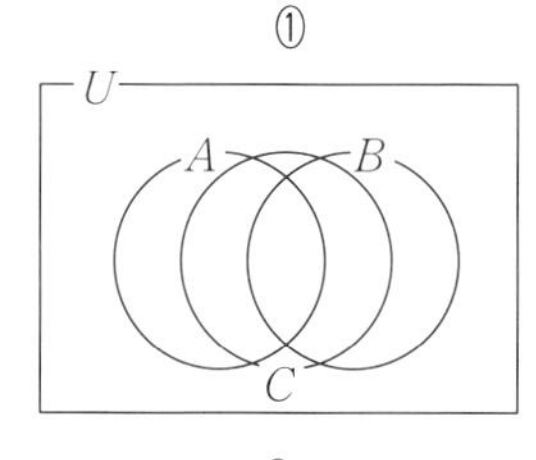

②
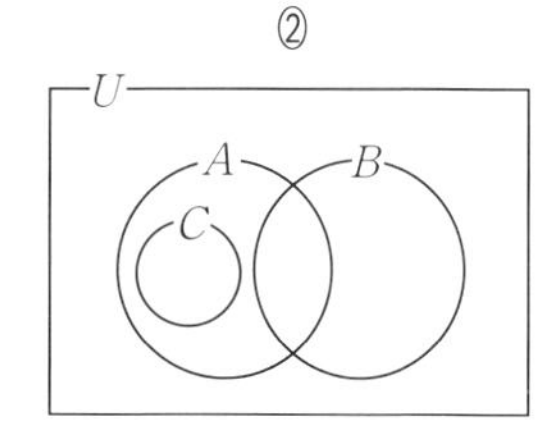

③
U A B C

④
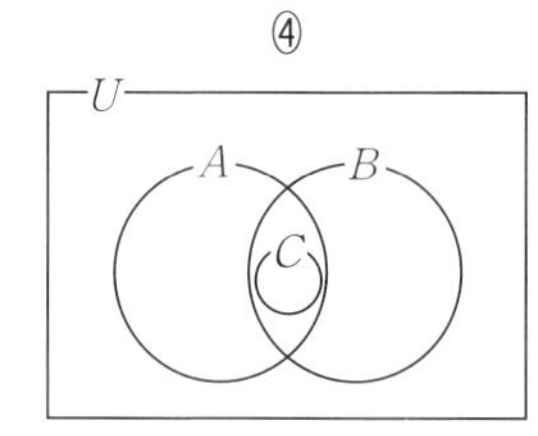

⑤
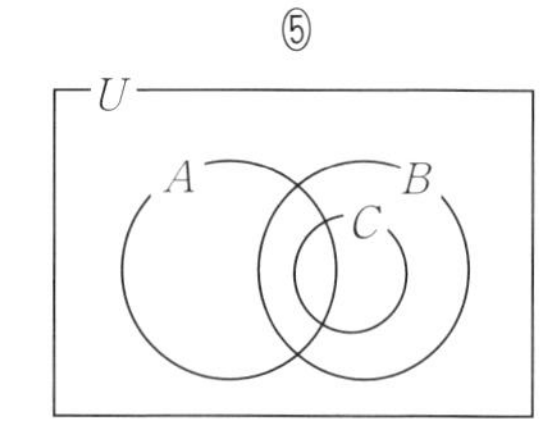

(次ページに続く。)

(3) 全体集合 U の部分集合 S の補集合を $\overline{S}$ で表す。

$A \cup B$ の要素のうち，最小の自然数は [カ] である。

$\overline{A} \cap B$ の要素のうち，最大の自然数は [キク] である。

$\overline{A} \cup (B \cap C)$ の要素のうち，最大の自然数は [ケコ] である。

$A \cap B \cap \overline{C}$ の要素のうち，最大の自然数は [サシ] である。

(4) 次の [ス] ～ [ソ] に当てはまるものを，下の ⓪～③ のうちから一つずつ選べ。ただし，同じものを繰り返し選んでもよい。

$x \in C$ は $x \in A \cap B$ であるための [ス]。

$x \in A \cap C$ は $x \in B \cap C$ であるための [セ]。

$x \in B \cup C$ は $x \in C$ であるための [ソ]。

⓪ 必要十分条件である
① 必要条件であるが，十分条件ではない
② 十分条件であるが，必要条件ではない
③ 必要条件でも十分条件でもない

★10　【10分】

自然数全体の集合を全体集合とする。

集合 A, B を

$A=\{n \mid n$ は9で割り切れる自然数$\}$

$B=\{n \mid n$ は15で割り切れる自然数$\}$

とする。

(1)　次の［ア］～［ウ］に当てはまるものを，下の ⓪～③ のうちから一つずつ選べ。ただし，同じものを繰り返し選んでもよい。

自然数 n が A に属することは，n が18で割り切れるための［ア］。

自然数 n が B に属することは，n が5で割り切れるための［イ］。

自然数 n が $A \cup B$ に属することは，n が3で割り切れるための［ウ］。

⓪　必要十分条件である
①　必要条件であるが，十分条件ではない
②　十分条件であるが，必要条件ではない
③　必要条件でも十分条件でない

(2)　次の［エ］～［キ］に当てはまるものを，下の ⓪～⑦ のうちから一つずつ選べ。ただし，集合 A, B の補集合を，それぞれ $\overline{A}$, $\overline{B}$ で表す。

$C=\{n \mid n$ は9と15のいずれでも割り切れる自然数$\}$

$D=\{n \mid n$ は9でも15でも割り切れない自然数$\}$

$E=\{n \mid n$ は45で割り切れない自然数$\}$

$F=\{n \mid n$ は9で割り切れるが，5で割り切れない自然数$\}$

とする。このとき

$C=$［エ］，　$D=$［オ］，　$E=$［カ］，　$F=$［キ］

である。

⓪　$A \cup B$　　①　$A \cup \overline{B}$　　②　$\overline{A} \cup B$　　③　$\overline{A \cup B}$
④　$A \cap B$　　⑤　$A \cap \overline{B}$　　⑥　$\overline{A} \cap B$　　⑦　$\overline{A \cap B}$

★★11 【10分】

実数全体の集合を全体集合とし，その部分集合 A，B，C を

$$A=\{\,x\mid x^2-x-2\geqq 0\,\}$$
$$B=\{\,x\mid |\,2x-p\,|\geqq q\,\}$$
$$C=\{\,x\mid x^2+4x+r\geqq 0\,\}$$

とする。ただし，p，q，r は実数の定数とする。

(1) A の補集合を $\overline{A}$ で表すと

$$\overline{A}=\left\{\,x\;\middle|\;\boxed{\text{アイ}}<x<\boxed{\text{ウ}}\,\right\}$$

である。

(2) B が全体集合と一致するための必要十分条件は $q\leqq\boxed{\text{エ}}$ である。

(3) A と B が等しくなるのは

$$p=\boxed{\text{オ}},\quad q=\boxed{\text{カ}}$$

のときである。

さらに，$p=\boxed{\text{オ}}$ のとき，$A\supset B$ かつ $A\neq B$ となるのは $\boxed{\text{キ}}$ のときである。

$\boxed{\text{キ}}$ に当てはまるものを，次の ⓪，① のうちから一つ選べ。

⓪ $q<\boxed{\text{カ}}$　　　　① $q>\boxed{\text{カ}}$

(4) $\overline{A}$ と C の共通部分が空集合となるのは

$$r\leqq\boxed{\text{クケコ}}$$

のときであり，A と C の和集合が全体集合となるのは

$$r\geqq\boxed{\text{サ}}$$

のときである。

★★12 【10分】

一郎さんと良子さんは，有理数と無理数についての次のような会話をした。

> 一郎：有理数って，どのような数のことだったかな？
> 良子：整数とか，分数のことじゃないの。
> 一郎：じゃあ，小数は有理数？　無理数？
> 良子：小数でも 0.5 は $\frac{1}{2}$ と表せるし，0.33…… は $\frac{1}{3}$ と表せるから，有理数だね。
> でも，$\sqrt{2}$ は 1.41…… と小数で表すことができるけど，無理数だよ。
> 一郎：小数ということだけでは，有理数か無理数かわからないね。そうか！　有理数はルート（$\sqrt{\ }$）で表されないような数ってことだね。
> 良子：ルートがついても $\sqrt{4}$ は 2 だから，整数で，有理数だよ。ルートでなくても π も無理数だったはずだよ。
> 一郎：ということは，有理数は，整数または $\frac{(\text{整数})}{(\text{整数})}$ で表される数ってことだね。
> 良子：整数も，例えば 2 は $\frac{2}{1}$ のように $\frac{(\text{整数})}{(\text{整数})}$ で表されるから，有理数は $\frac{(\text{整数})}{(\text{整数})}$ で表される数でいいと思うよ。ただし分母を 0 にすることはできないから，
> 正確には $\frac{(\text{整数})}{(0\text{以外の整数})}$ だね。

(1)　実数全体の集合を全体集合とし，有理数全体の集合を Q，整数全体の集合を Z，Z の補集合を $\overline{Z}$ とする。

$Q\cap\overline{Z}$ の要素となるものを，次の ⓪～⑨ のうちから四つ選べ。ただし，解答の順序は問わない。［ア］，［イ］，［ウ］，［エ］

⓪ 3　① $-\frac{2}{5}$　② $\sqrt{5}$　③ $\sqrt{169}$　④ $\frac{\sqrt{3}}{2}$

⑤ 0.25　⑥ $0.111\cdots\cdots$　⑦ $-\frac{\sqrt{12}}{\sqrt{3}}$　⑧ $\frac{\sqrt{3}}{\sqrt{12}}$　⑨ $2+\sqrt{3}$

また，$\sqrt{\frac{48}{k}}$ が $Q\cap\overline{Z}$ の要素となるような自然数 k のうちで，最小のものは

［オカ］である。

(2)　r，s を有理数，α，β を無理数とする。次の 7 個の数のうち，常に無理数であるものの個数は［キ］個である。

$$r+s,\quad rs,\quad \alpha+\beta,\quad \alpha\beta,\quad r+\alpha,\quad r\alpha,\quad \alpha^2$$

（次ページに続く。）

一郎さんと良子さんは，さらに次のような会話をした。

一郎：ある数が無理数であることを証明する方法は教科書で学んだね。
良子：そうだね。無理数でないと仮定して矛盾を導く背理法のことだね。
一郎：例えば，$\sqrt{2}$が無理数であることを示すには，$\sqrt{2}$が有理数であると仮定して，

$\sqrt{2}=\dfrac{p}{q}$（p，q：整数）とおいて矛盾を導くんだよね。

良子：ただし，p，qは(a)互いに素な自然数とするね。
一郎：分母を払って，2乗すると，$2q^2=p^2$ ……①となる。
$2q^2$は偶数だから，(b)p^2も偶数となるので，pは偶数になる。
そうすると，$p=2m$（m：自然数）とおけて，①に代入して，$2q^2=4m^2$より，$q^2=2m^2$になる。
$2m^2$は偶数だから，q^2も偶数となるので，qは偶数となる。
p，qともに偶数となるから，p，qが互いに素であることに矛盾するってことだね。

(3) 下線部(a)と同じ意味であるものを，次の ⓪～⑤ のうちから二つ選べ。ただし，解答の順序は問わない。［ク］，［ケ］

⓪ ともに奇数　① ともに素数　② 公約数をもたない
③ 正の公約数が1個　④ 正の公約数が2個　⑤ 最大公約数が1

(4) 下線部(b)は，自然数pに関する命題である。これが真である理由として対偶を考えればよい。次の ⓪～② のうち，下線部(b)の対偶であるものは［コ］。

［コ］に当てはまるものを，次の ⓪～② のうちから一つ選べ。

⓪ pが偶数であれば，p^2は偶数である
① pが奇数であれば，p^2は奇数である
② p^2が奇数であれば，pは奇数である

(5) a，bを有理数とする。

命題：$(a+b\sqrt{2})^2$が有理数ならば，（＊）である。

が真になるように，（＊）に当てはまるものを，次の ⓪～⑤ のうちから二つ選べ。ただし，解答の順序は問わない。［サ］，［シ］

⓪ $a=0$　① $b=0$　② $a+b=0$
③ $ab=0$　④ $a=0$ かつ $b=0$　⑤ $a=0$ または $b=0$

★★13 【10分】

(1) a, bを有理数, xを無理数とする。

命題「$a+bx=0$ ならば $a=b=0$」

が真であることを次のように証明した。

証明

[ア] と仮定する。このとき, $x=-\frac{a}{b}$ となり, a, bは有理数であるから, $-\frac{a}{b}$ は有理数であるが, xは無理数であり, 矛盾する。よって, [イ] であり, このとき, [ウ] である。

[ア] ～ [ウ] に当てはまるものを, 次の ⓪～⑤ のうちから一つずつ選べ。ただし, 同じものを繰り返し選んでもよい。

⓪ $a=0$　① $a\neq0$　② $b=0$　③ $b\neq0$　④ $x=0$　⑤ $x\neq0$

有理数 p, q が

$$(2\sqrt{2}-3)p+(4-\sqrt{2})q=2+\sqrt{2}$$

を満たすとき, $p=\frac{[エ]}{[オ]}$, $q=\frac{[カ]}{[キ]}$ である。

(2) x, yを実数とする。

命題：「xy が無理数である」 $\Longrightarrow$ 「[ク]」

が真となるように, [ク] に当てはまるものを, 次の ⓪～③ のうちから一つ選べ。

⓪ x, y はともに無理数である

① x, y はともに有理数である

② x, y の少なくとも一方は無理数である

③ x, y の少なくとも一方は有理数である

この命題の逆は偽であるが, その反例として適当なものを, 次の ⓪～⑤ のうちから二つ選べ。ただし, 解答の順序は問わない。 [ケ], [コ]

⓪ $x=2$, $y=3$　① $x=2$, $y=\sqrt{2}$　② $x=\sqrt{2}$, $y=\sqrt{3}$

③ $x=\sqrt{2}$, $y=\sqrt{8}$　④ $x=\sqrt{2}+1$, $y=\sqrt{2}$　⑤ $x=\sqrt{2}+1$, $y=\sqrt{2}-1$

★★14 【10分】

実数 a，b に関する条件 p，q，r を次のように定める。

$p:|a|\leqq 3$ かつ $|b|\leqq 4$

$q:|a|+|b|\leqq 7$

$r:a^2+b^2\leqq 25$

(1) 条件 p の否定 $\overline{p}$ は ア である。 ア に当てはまるものを，次の ⓪～③ のうちから一つ選べ。

⓪ $|a|\leqq 3$ かつ $|b|\leqq 4$　　① $|a|\leqq 3$ または $|b|\leqq 4$

② $|a|>3$ かつ $|b|>4$　　③ $|a|>3$ または $|b|>4$

(2) 命題「$q \Longrightarrow r$」の対偶は「 イ $\Longrightarrow$ ウ 」である。 イ ， ウ に当てはまるものを，次の ⓪～⑦ のうちから一つずつ選べ。

⓪ $|a|+|b|\leqq 7$　　① $a^2+b^2\leqq 25$

② $|a|+|b|<7$　　③ $a^2+b^2<25$

④ $|a|+|b|\geqq 7$　　⑤ $a^2+b^2\geqq 25$

⑥ $|a|+|b|>7$　　⑦ $a^2+b^2>25$

(3) 命題「$q \Longrightarrow r$」が偽であることを示すための反例になっているものは エ である。 エ に当てはまるものを，次の ⓪～③ のうちから一つ選べ。

⓪ $a=3$，$b=3$　　① $a=3$，$b=4$　　② $a=4$，$b=4$　　③ $a=2$，$b=5$

(4) p は q であるための オ 。

q は r であるための カ 。

r は p であるための キ 。

オ ～ キ に当てはまるものを，次の ⓪～③ のうちから一つずつ選べ。ただし，同じものを繰り返し選んでもよい。

⓪ 必要十分条件である

① 必要条件であるが，十分条件ではない

② 十分条件であるが，必要条件ではない

③ 必要条件でも十分条件でもない

★★★15 【12分】

実数a，bについて，次の条件 ⓪～⑤ を考える。

⓪ $a>0$
① $a+b>0$
② $a+b>0$　かつ　$ab>0$
③ $a>0$　かつ　$b>a^2$
④ $|a|+|b|>0$
⑤ $b>0$　または　$a>b$

(1) 次の ア ～ エ に当てはまるものを，下の ⑥～⑨ のうちから一つずつ選べ。

$a>0$ かつ $b>0$ は，② が成り立つための ア 。

$a>0$ かつ $b>0$ は，③ が成り立つための イ 。

$ab>0$ は，④ が成り立つための ウ 。

$ab>0$ は，⑤ が成り立つための エ 。

⑥ 必要十分条件である
⑦ 必要条件であるが，十分条件ではない
⑧ 十分条件であるが，必要条件ではない
⑨ 必要条件でも十分条件でもない

(2) 次の オ ， カ に当てはまるものを，上の ⓪～⑤ のうちから一つずつ選べ。

⓪～⑤ のうちで， オ は他のすべての十分条件であり， カ は他のすべての必要条件である。

★★★16 【10分】

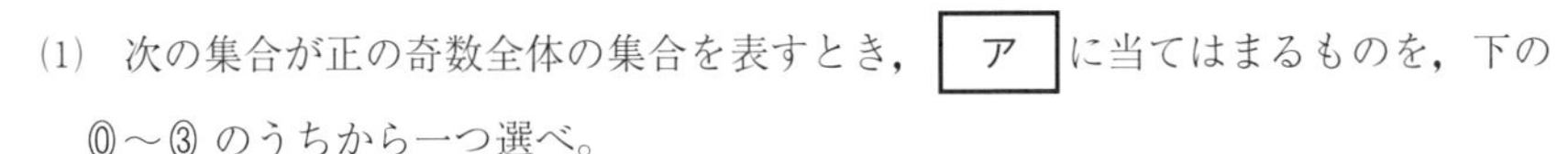

(1) 次の集合が正の奇数全体の集合を表すとき，$\boxed{\text{ア}}$ に当てはまるものを，下の ⓪～③ のうちから一つ選べ。

$$\{\boxed{\text{ア}} \mid n=0,\ 1,\ 2,\ \cdots\}$$

⓪ $2n-3$　　① $2n-1$　　② $2n+1$　　③ $2n+3$

(2) m，n を自然数とする。次の $\boxed{\text{イ}}$ ～ $\boxed{\text{エ}}$ に当てはまるものを，下の ⓪～③ のうちから一つずつ選べ。

m^2+n^2 が偶数であることは，m，n がともに奇数であるための $\boxed{\text{イ}}$。

m が n により $m=n^2+n+1$ と表されることは，m が奇数であるための $\boxed{\text{ウ}}$。

n^2 が 8 の倍数であることは，n が 4 の倍数であるための $\boxed{\text{エ}}$。

⓪ 必要十分条件である
① 必要条件であるが，十分条件ではない
② 十分条件であるが，必要条件ではない
③ 必要条件でも十分条件でもない

(3) m，n を自然数として

$$A=mx^2+nx+2m+n+1$$

とおく。次の $\boxed{\text{オ}}$，$\boxed{\text{カ}}$ に当てはまるものを，下の ⓪～⑤ のうちから一つずつ選べ。

x がどのような奇数であっても A の値がつねに偶数になるための必要十分条件は $\boxed{\text{オ}}$ となることである。また，x がどのような偶数であっても A の値がつねに奇数になるための必要十分条件は $\boxed{\text{カ}}$ となることである。

⓪ m が奇数　　① n が奇数　　② $m-n$ が奇数
③ m が偶数　　④ n が偶数　　⑤ $m-n$ が偶数

§3　2次関数

★17 【12分】

a を定数として，2次関数

$$y=-x^2+ax+\frac{a^2}{2}-a-1 \qquad \cdots\cdots①$$

のグラフを C とする。

(1)　C の頂点の座標は

$$\left(\frac{\boxed{\text{ア}}}{\boxed{\text{イ}}}a,\ \frac{\boxed{\text{ウ}}}{\boxed{\text{エ}}}a^2-a-1\right)$$

である。

(2)　次の ⓪～⑤ のグラフは，a に適当な値を代入して C を描いたものである。ただし，a にどのような値を代入しても表すことができないグラフが二つある。その二つを選べ。解答の順序は問わない。［オ］，［カ］

⓪

y
1
O
x

①

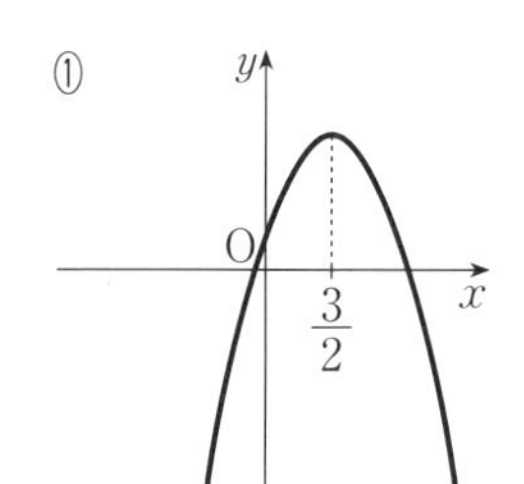

②

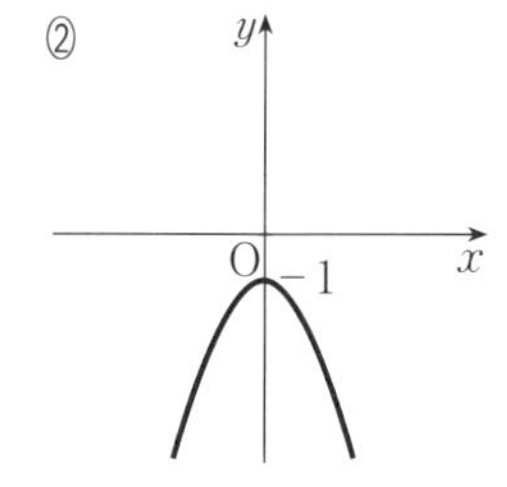

③

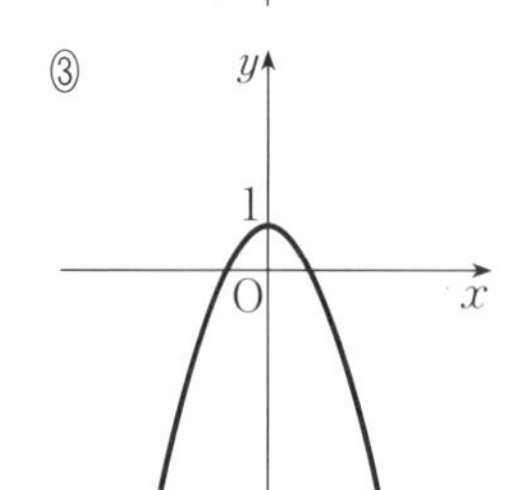

④

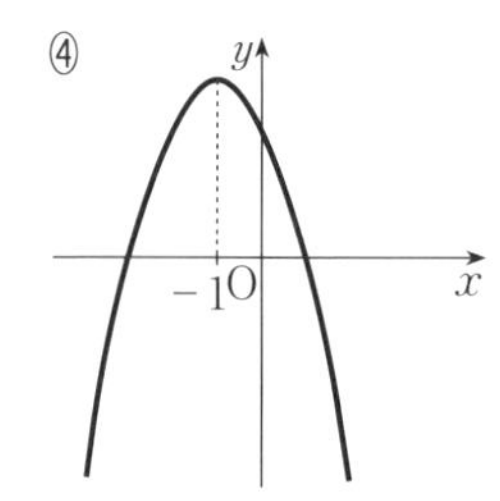

⑤

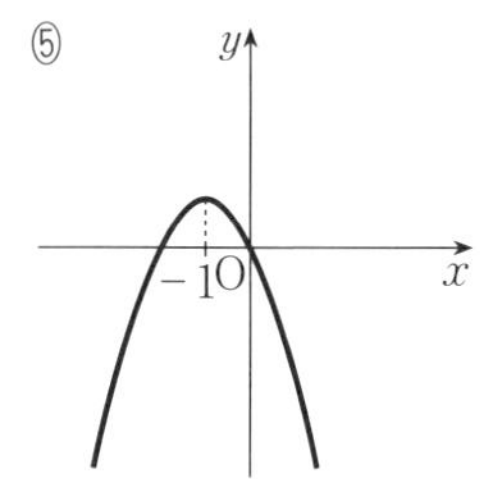

（次ページに続く。）

(3) C が x 軸と共有点をもつための a の値の範囲は

$$a \leqq \frac{\boxed{\text{キク}}}{\boxed{\text{ケ}}}, \quad \boxed{\text{コ}} \leqq a$$

であり，$a=\boxed{\text{コ}}$ のとき，共有点の座標は $\left(\boxed{\text{サ}},\ 0\right)$ である。

また，C が x 軸の $x>0$ の部分と共有点をもつための a の値の範囲は

$$a < \boxed{\text{シ}} - \sqrt{\boxed{\text{ス}}}, \quad \boxed{\text{セ}} \leqq a$$

である。

(4) $a<0$ とする。2次関数①の $0 \leqq x \leqq 1$ における最大値と最小値の差は

$$\boxed{\text{ソ}}\,a + \boxed{\text{タ}}$$

である。

★18 【15分】

aを定数とする。2次関数 $y=x^2+(4a+6)x+3a+4$ のグラフを C，その頂点をPとする。Pの座標は

$$\left(\boxed{\text{アイ}}\,a-\boxed{\text{ウ}},\ \boxed{\text{エオ}}\,a^2-\boxed{\text{カ}}\,a-\boxed{\text{キ}}\right)$$

である。

(1)　Cがx軸と異なる2点A，Bで交わるのは

$$a<\frac{\boxed{\text{クケ}}}{\boxed{\text{コ}}},\quad \boxed{\text{サシ}}<a$$

のときである。

このとき $\text{AB}>2\sqrt{14}$ となるようなaの値の範囲は

$$a<\boxed{\text{スセ}},\quad \frac{\boxed{\text{ソ}}}{\boxed{\text{タ}}}<a$$

であり，△ABPが正三角形となるaの値は

$$a=\boxed{\text{チツ}},\quad \frac{\boxed{\text{テト}}}{\boxed{\text{ナ}}}$$

である。

(2)　Cをx軸に関して対称移動し，さらにx軸方向に2，y軸方向に-19だけ平行移動した放物線をC'とする。C'が原点を通るのは $a=\boxed{\text{ニ}}$ のときであり，このときC'の方程式は

$$y=\boxed{\text{ヌ}}\,x^2-\boxed{\text{ネノ}}\,x$$

である。

★19 【12分】

a, b, c を実数, $a>0$ とする。
座標平面上の2点$(1,\ -3)$, $(5,\ 13)$を通る放物線

$$y=ax^2+bx+c$$

を C とする。

(1) b, c を a で表すと

$$b=\boxed{\text{アイ}}\,a+\boxed{\text{ウ}},\quad c=\boxed{\text{エ}}\,a-\boxed{\text{オ}}$$

となる。

(2) 放物線 C の頂点の座標は, a を用いて

$$\left(\boxed{\text{カ}}-\frac{\boxed{\text{キ}}}{a},\ \boxed{\text{クケ}}\,a+\boxed{\text{コ}}-\frac{\boxed{\text{サ}}}{a}\right)$$

と表される。

(3) 放物線 C と x 軸の交点を P, Q とするとき, 線分 PQ の長さは

$$\mathrm{PQ}=4\sqrt{\frac{1}{a^2}-\frac{\boxed{\text{シ}}}{\boxed{\text{ス}}\,a}+\boxed{\text{セ}}}$$

と表される。$t=\dfrac{1}{a}$とおくと, 線分 PQ の長さを最小にする t の値は$\dfrac{\boxed{\text{ソ}}}{\boxed{\text{タ}}}$, 長さの最小値は$\dfrac{\sqrt{\boxed{\text{チツ}}}}{\boxed{\text{テ}}}$である。

★★20 【15分】

数学の授業で，2次関数 $y=ax^2+bx+c$ $(a \neq 0)$ についてコンピューターのグラフ表示ソフトを用いて考察している。

このソフトでは，図1の画面上の A ， B ， C にそれぞれ係数 a，b，c の値を入力すると，その値に応じたグラフが表示される。さらに， A ， B ， C それぞれの下にある●を左に動かすと係数の値が減少し，右に動かすと係数の値が増加するようになっており，値の変化に応じて2次関数のグラフが座標平面上を動くしくみになっている。

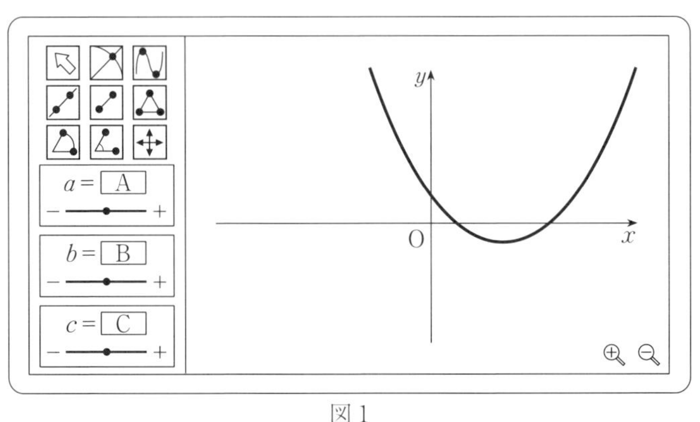

図1

(1)　図1のように，頂点が第4象限にあるグラフが表示された。a の値が $\frac{1}{2}$ のとき，b，c の値の組合せとして最も適当なものを，次の ⓪～⑦ のうちから一つ選べ。

ア

	⓪	①	②	③	④	⑤	⑥	⑦
b	2	2	-2	-2	2	2	-2	-2
c	$\frac{5}{2}$	$-\frac{5}{2}$	$\frac{5}{2}$	$-\frac{5}{2}$	1	-1	1	-1

このとき，さらに c の値を変化させて，頂点が x 軸上にあるようにしたい。c の値をどれだけ増加させればよいか。次の ⓪～③ のうちから一つ選べ。 イ

⓪ $\frac{1}{2}$　　① 1　　② $\frac{3}{2}$　　③ 2

(次ページに続く。)

(2) 図1のグラフを表示させる a, b, c の値に対して，2次方程式 $ax^2+bx+c=0$ の解について正しく記述したものを，次の ⓪～③ のうちから一つ選べ。 ウ

⓪ 2次方程式 $ax^2+bx+c=0$ は実数解をもつかどうか判断できない。
① 2次方程式 $ax^2+bx+c=0$ は異なる二つの正の解をもつ。
② 2次方程式 $ax^2+bx+c=0$ は異なる二つの負の解をもつ。
③ 2次方程式 $ax^2+bx+c=0$ は正の解と負の解をもつ。

(3) 次の操作A，操作B，操作Cのうち，いずれか一つの操作を行い，2次不等式 $ax^2+bx+c>0$ の解を考える。

操作A：図1の状態から b, c の値は変えず，a の値だけを変化させる。
操作B：図1の状態から a, c の値は変えず，b の値だけを変化させる。
操作C：図1の状態から a, b の値は変えず，c の値だけを変化させる。

このとき，操作A，操作B，操作Cのうち，「不等式 $ax^2+bx+c>0$ の解がすべての実数となること」が起こり得る操作は エ 。

また，「不等式 $ax^2+bx+c>0$ の解がないこと」が起こり得る操作は オ 。

エ ， オ に当てはまるものを，次の ⓪～⑦ のうちから一つずつ選べ。ただし，同じものを選んでもよい。

⓪ ない
① 操作Aだけである
② 操作Bだけである
③ 操作Cだけである
④ 操作Aと操作Bだけである
⑤ 操作Aと操作Cだけである
⑥ 操作Bと操作Cだけである
⑦ 操作Aと操作Bと操作Cすべてである

★★21 【12分】

a を定数とし，2次関数

$$y=x^2-(2a-2)x-2a+9 \quad \cdots\cdots①$$

のグラフを G とする。G は頂点の座標が

$$\left(a-\boxed{\text{ア}},\ \boxed{\text{イ}}a^2+\boxed{\text{ウ}}\right)$$

の放物線である。

(1)　G が点$(7,\ 8)$を通るのは $a=\boxed{\text{エ}}$ のときである。

(2)　a の値によらず，G はつねに点$\mathrm{P}\left(\boxed{\text{オカ}},\ \boxed{\text{キ}}\right)$を通る。また，$y$ 座標が $\boxed{\text{キ}}$ である G 上の点は P と$\left(\boxed{\text{ク}}a-\boxed{\text{ケ}},\ \boxed{\text{キ}}\right)$である。

(3)　$a>0$ とする。①においてすべての実数 x に対して $y>0$ となるのは

$$0<a<\boxed{\text{コ}}\sqrt{\boxed{\text{サ}}}$$

のときであり，すべての整数 x に対して $y>0$ となるのは

$$0<a<\frac{\boxed{\text{シス}}}{\boxed{\text{セ}}}$$

のときである。

★★22 【12分】

aを実数とし，xの2次関数

$$y=x^2-(2a+12)x+10a+44$$

のグラフをGとする。

(1) Gは放物線であり，頂点の座標は

$$\left(a+\boxed{\text{ア}},\ \boxed{\text{イ}}a^2-\boxed{\text{ウ}}a+\boxed{\text{エ}}\right)$$

である。

(2) $0\leqq x\leqq 6$におけるyの最小値をmとすると

$a\leqq\boxed{\text{オカ}}$ のとき $m=\boxed{\text{キク}}a+\boxed{\text{ケコ}}$

$\boxed{\text{オカ}}\leqq a\leqq\boxed{\text{サ}}$ のとき $m=\boxed{\text{シ}}a^2-\boxed{\text{ス}}a+\boxed{\text{セ}}$

$\boxed{\text{サ}}\leqq a$ のとき $m=\boxed{\text{ソタ}}a+\boxed{\text{チ}}$

である。よって，mをaの関数と考えたとき，$a=\boxed{\text{ツテ}}$のときmは最大値$\boxed{\text{ト}}$をとる。

また，$0\leqq x\leqq 6$においてつねに$y>0$となるのは

$$\boxed{\text{ナニ}}<a<\boxed{\text{ヌ}}$$

のときである。

★★23 【15分】

〔1〕 ある店では1日に1000円の品物が20個売れる。xを整数として，この商品について$10x$円値下げすると$3x$個多く売れることが統計的にわかっているとする。$10x$円値下げした場合の1日の売り上げ，すなわち(売値)×(売れた個数)をy円とすると，yとxの関係式は［ア］である。［ア］に当てはまるものを，次の⓪～⑦のうちから一つ選べ。

⓪ $y=30x^2$
① $y=-30x^2+20000$
② $y=-30x^2+2000x+20000$
③ $y=-30x^2+2400x+20000$
④ $y=-30x^2+2600x+20000$
⑤ $y=-30x^2+2800x+20000$
⑥ $y=-30x^2+3000x+20000$
⑦ $y=-30x^2+3200x+20000$

次の［イ］～［オ］に当てはまるものを，下の各解答群のうちから，それぞれ一つずつ選べ。ただし，売値と売れた個数は整数とする。

売り上げが最大となるのは売値を［イ］円にしたときで，このときの売り上げは［ウ］円である。

また，この商品は仕入れるのに1個につき400円の費用が必要である。1日の利益，すなわち(売り上げ)−(仕入れにかかった費用)が最大となるのは売値を［エ］円にしたときで，このときの利益は［オ］円である。

［イ］，［エ］の解答群

⓪ 970　① 950　② 900　③ 840　④ 830
⑤ 740　⑥ 730　⑦ 540　⑧ 530　⑨ 470

［ウ］，［オ］の解答群

⓪ 105330　① 95000　② 85330　③ 76330　④ 68000
⑤ 53330　⑥ 39000　⑦ 33330　⑧ 28330　⑨ 25000

(次ページに続く。)

〔2〕 走っている自動車の停止距離というのは，運転者が止まろうと判断した場所からブレーキをかけ，自動車が完全に止まるまでの距離であり，運転者が止まろうと判断して実際にブレーキをかけるまでに走った距離(空走距離)とブレーキが効き始めてから完全に止まるまでに走った距離(制動距離)の合計で計算する。路面やタイヤなど様々な状態で変化するが，この空走距離は自動車の速度に比例し，制動距離は自動車の速度の2乗に比例することがわかっている。停止距離を y m，自動車の速度を毎時 x km としたときに，次の表は x と y のある実験結果である。

x(km/時)	y(m)
20	8.5
40	22

a，b を定数として，$y=ax^2+bx$ とおいたとき，上の実験結果の場合

$$a=\frac{1}{\boxed{カキク}},\quad b=\frac{\boxed{ケ}}{\boxed{コサ}}$$

となる。このとき，時速80 km で走っていたときの停止距離は $\boxed{シス}$ m となる。

また，停止距離を10 m 以下にするためには，自動車の速度を時速何 km 以下にしないといけないか。条件を満たす最大の整数を，次の ⓪～⑤ のうちから一つ選べ。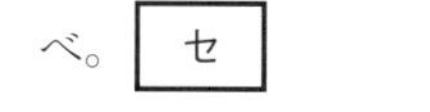

⓪ 21　① 22　② 23　③ 24　④ 25　⑤ 26

★★★24 【15分】

a, b を定数とし，x の二つの2次関数

$$y=\frac{1}{2}x^2-2ax+b$$
$$y=x^2+x-2$$

のグラフをそれぞれ C, D とする。以下では，C の頂点は D 上にあるとする。
このとき

$$b=\boxed{ア}a^2+\boxed{イ}a-\boxed{ウ}$$

である。

(1) C が x 軸と異なる2点で交わるような a の値の範囲は

$$\boxed{エオ}<a<\frac{\boxed{カ}}{\boxed{キ}}$$

である。また，C が x 軸の正の部分と異なる2点で交わるような a の値の範囲は

$$\frac{\sqrt{\boxed{クケ}}-\boxed{コ}}{\boxed{サ}}<a<\frac{\boxed{シ}}{\boxed{ス}}$$

である。

(2) C が直線 $y=x+2$ と接するとき

$$a=\pm\frac{\boxed{セ}\sqrt{\boxed{ソ}}}{\boxed{タ}}$$

である。また，C が直線 $y=x+2$ の第1象限と第3象限の部分で，それぞれ交わるような a の値の範囲は

$$\boxed{チツ}<a<\boxed{テ}$$

である。

（下 書 き 用 紙）

§4　図形と計量

★25 【10分】

四角形ABCDにおいて

$$AB=1+\sqrt{2},\quad BC=2,\quad CD=\sqrt{6}$$

$$\angle ABC=45^\circ,\quad \cos\angle ADC=\frac{\sqrt{6}}{3}$$

とする。

このとき $AC=\sqrt{\boxed{ア}}$ であり

$$\cos\angle ACB=\frac{\boxed{イ}\sqrt{\boxed{ウ}}-\sqrt{\boxed{エ}}}{\boxed{オ}}$$

である。

また

$$\sin\angle CAD=\frac{\sqrt{\boxed{カ}}}{\boxed{キ}}$$

であり，△ACDの外接円の半径は $\dfrac{\boxed{ク}}{\boxed{ケ}}$ である。

さらに

$$AD=\boxed{コ}\quad または\quad \boxed{サ}\quad \left(\boxed{コ}<\boxed{サ}\right)$$

であり，$AD=\boxed{サ}$ のとき，四角形ABCDの面積は $\boxed{シ}\sqrt{\boxed{ス}}+\boxed{セ}$ である。

$AD=\boxed{サ}$ のとき，線分ACと線分BDのなす鋭角を θ とする。このとき，線分BDの長さを θ を用いて表すと

$$BD=\frac{\boxed{ソ}\left(\boxed{タ}\sqrt{\boxed{チ}}+\sqrt{\boxed{ツ}}\right)}{\boxed{テ}\,\boxed{ト}}$$

となる。$\boxed{ト}$ については，当てはまるものを，次の ⓪～② のうちから一つ選べ。

⓪ $\sin\theta$　　① $\cos\theta$　　② $\tan\theta$

★26 【12分】

四角形ABCDは円Oに内接し，∠ABCは鈍角で，AB=1，BC=$\sqrt{7}$，
sin∠ABC=$\sqrt{\frac{3}{7}}$とする。また，線分ACと線分BDは直角に交わるとする。

このとき

$$\cos\angle ABC = \frac{\boxed{アイ}\sqrt{\boxed{ウ}}}{\boxed{エ}}$$

$$AC = \boxed{オ}\sqrt{\boxed{カ}}$$

である。

円Oの半径は$\sqrt{\boxed{キ}}$であり，∠BAC=$\boxed{クケ}$°である。

線分ACと線分BDとの交点をHとおくと

$$CH = \frac{\boxed{コ}\sqrt{\boxed{サ}}}{\boxed{シ}}$$

$$DH = \frac{\boxed{ス}}{\boxed{セ}}$$

である。

また，∠CADと∠ACDの大小関係について

$$\angle CAD\ \boxed{ソ}\ \angle ACD$$

が成り立つ。$\boxed{ソ}$に当てはまるものを，次の⓪～②のうちから一つ選べ。

⓪ <　　① ＝　　② >

★★27 【12分】

一郎さんと良子さんは，数学の授業で図形の性質について学習した。

先生：正三角形とその外接円について，次のような性質があるのを知っているかな。

> 性質　正三角形ABCの外接円の(点Aを含まない)弧BC上の点Pに対して
>
> AP＝BP＋CP　……(＊)
>
> が成り立つ。

良子：三角形の合同を用いると簡単に証明できますね。

一郎：具体的な数値で計算してみよう。

〔1〕 1辺の長さ6の正三角形とその外接円を考える。

この外接円の半径は $\boxed{ア}\sqrt{\boxed{イ}}$ であり，外接円の点Aを含まない弧BC上に点Pをとる。AP＝$3\sqrt{5}$ のとき，線分BPと線分CPの長さは

$$\frac{\boxed{ウ}\sqrt{\boxed{エ}}+\boxed{オ}}{\boxed{カ}} \quad と \quad \frac{\boxed{ウ}\sqrt{\boxed{エ}}-\boxed{オ}}{\boxed{カ}}$$

である。

よって，BP＋CP＝APが成り立つ。

(次ページに続く。)

一郎：確かに(＊)が成り立つね。
良子：次のような場合はどうなるのかな。

〔2〕 1辺の長さ$2\sqrt{7}$の正三角形ABCとその外接円を考える。

この外接円の点Cを含まない弧AB上に，点Dを弦BDの長さが2になるようにとる。

このとき，∠ADB＝［キクケ］°であり

AD＝［コ］

であるから，四角形ADBCの面積は［サ］$\sqrt{［シ］}$である。

一方，△ADCと△BCDの面積比は

△ADC：△BCD＝［ス］：1

であり，△ADCの面積は［セ］$\sqrt{［ソ］}$であるから

CD＝［タ］

である。

よって，AD＋BD＝CDが成り立つ。

★★28 【12分】

△ABCにおいて AB＝3，BC＝4，CA＝$\sqrt{5}$ とする。

このとき

$$\cos\angle ACB=\frac{\boxed{ア}\sqrt{\boxed{イ}}}{\boxed{ウエ}},\quad \sin\angle ACB=\frac{\sqrt{\boxed{オカ}}}{\boxed{キク}}$$

であり，△ABCの外接円Oの半径は $\dfrac{\boxed{ケ}\sqrt{\boxed{コサ}}}{\boxed{シス}}$ である。

外接円Oの点Bを含まない弧AC上に点Dがあるとき

$$\sin\angle ADC=\frac{\sqrt{\boxed{セソ}}}{\boxed{タ}},\quad \cos\angle ADC=\frac{\boxed{チツ}}{\boxed{テ}}$$

である。四角形ABCDの面積が最大になるとき

$$AD=\frac{\sqrt{\boxed{トナニ}}}{\boxed{ヌネ}}$$

であり，四角形ABCDの面積の最大値は $\dfrac{\boxed{ノハ}\sqrt{\boxed{ヒフ}}}{\boxed{ヘホ}}$ である。

★★29 【12分】

図のように交わる2円O，O′がある。この図において，2点A，Bは2円の交点，点Cは直線OO′と円O′の交点，点Dは直線ACと円Oの交点，点Hは直線OO′と直線ABの交点である。さらに，AB=4，$\cos\angle BAC=\dfrac{\sqrt{3}}{3}$，△ABCの面積は△ABDの面積の3倍である。

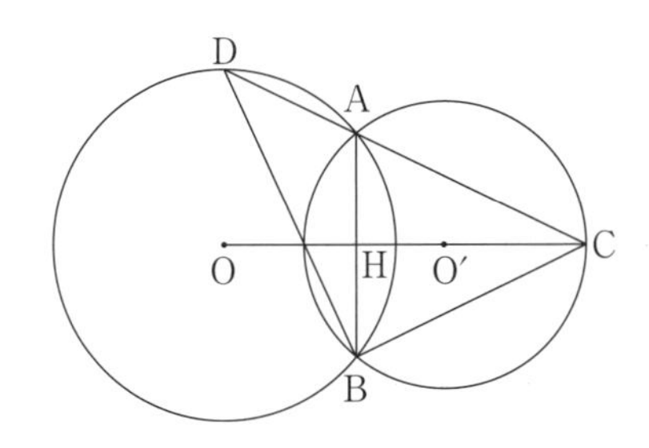

このとき

$$AC=\boxed{ア}\sqrt{\boxed{イ}},\quad AD=\frac{\boxed{ウ}\sqrt{\boxed{エ}}}{\boxed{オ}}$$

であり

$$\sin\angle BAC=\frac{\sqrt{\boxed{カ}}}{\boxed{キ}}$$

であるから，円O′の半径O′Aの長さは$\dfrac{\boxed{ク}\sqrt{\boxed{ケ}}}{\boxed{コ}}$である。

また

$$BD=\frac{\boxed{サ}\sqrt{\boxed{シス}}}{\boxed{セ}}$$

であり，2円の中心間の距離OO′は$\boxed{ソ}\sqrt{\boxed{タ}}$である。

★★30 【12分】

△ABCにおいて

$$AB=4\sqrt{5},\quad AC=5,\quad AB<BC$$

とし，△ABCの外接円の中心をO，直径を$5\sqrt{5}$とする。

$$\sin B=\frac{\sqrt{\boxed{\text{ア}}}}{\boxed{\text{イ}}},\quad \sin C=\frac{\boxed{\text{ウ}}}{\boxed{\text{エ}}}$$

であり，BC＝$\boxed{\text{オカ}}$，△ABCの面積は$\boxed{\text{キク}}$であるから，△ABCの内接円の半径は$\boxed{\text{ケ}}-\sqrt{\boxed{\text{コ}}}$である。

また，内接円と辺ABとの接点をPとすると

$$AP=\boxed{\text{サ}}\sqrt{\boxed{\text{シ}}}-\boxed{\text{ス}}$$

である。

さらに，△ABCの外接円と直線AOの2交点のうち，A以外のものをDとし，2直線AO，BCの交点をEとすると

$$BD=\boxed{\text{セ}}\sqrt{\boxed{\text{ソ}}},\quad CD=\boxed{\text{タチ}}$$

であり

$$\frac{BE}{CE}=\frac{\boxed{\text{ツ}}}{\boxed{\text{テ}}}$$

である。

★★★**31**　【12分】

△ABCにおいて，AB＝AC＝3，BC＝$\sqrt{6}$とする。

このとき

$$\cos\angle BAC=\frac{\boxed{ア}}{\boxed{イ}},\quad \sin\angle BAC=\frac{\sqrt{\boxed{ウ}}}{\boxed{エ}}$$

である。△ABCの外接円の中心をO，半径をRとすると，$R=\dfrac{\boxed{オ}\sqrt{\boxed{カキ}}}{\boxed{クケ}}$

である。

△ABCを底面とし，点Dを頂点とする三角錐DABCを考える。直線DOは底面に垂直であり，AD＝$\dfrac{\sqrt{14}}{2}$とする。

このとき

$$OD=\frac{\boxed{コ}\sqrt{\boxed{サ}}}{\boxed{シ}}$$

であり，三角錐DABCの体積は$\boxed{ス}$である。

また，点Xが△ABCの辺AB，BC，CA上を動くとき，tan∠OXDの最小値は

$\dfrac{\boxed{セ}\sqrt{\boxed{ソ}}}{\boxed{タ}}$であり，最大値は$\dfrac{\boxed{チ}}{\boxed{ツ}}$である。

★★★32　【12分】

△ABCにおいて，AB＝2，AC＝$\sqrt{19}$，∠ABC＝120°　とする。

このとき

$$BC=\boxed{ア}$$

であり

$$\triangle ABC の面積は \frac{\boxed{イ}\sqrt{\boxed{ウ}}}{\boxed{エ}}$$

である。

∠ABCの二等分線と辺ACの交点をDとすると

$$BD=\frac{\boxed{オ}}{\boxed{カ}}$$

であり

$$AD=\frac{\boxed{キ}\sqrt{\boxed{クケ}}}{\boxed{コ}}$$

である。

点Aから線分BDに引いた垂線と線分BDとの交点をEとし，直線AEと辺BCの交点をFとする。このとき

$$AE=\sqrt{\boxed{サ}}$$

であり

$$CE=\sqrt{\boxed{シ}}$$

である。

（次ページに続く。）

一郎さんと良子さんは紙を折ってできる立体図形について考えている。二人の会話を読み，下の問いに答えよ。

一郎：△ABC の紙を二つに折って立体を作ってみよう。
良子：おもしろいね。
一郎：△ABC を△ABD と△BCD に分け，線分 BD を折り目として折ると，四面体 ABCD ができるよね。
良子：つまり，△ABD と△BCD を二つの面とする四面体 ABCD を作るんだね。
一郎：この四面体で，△BCD を底面と考えて，∠AEF$=\theta$とおくと，高さは $\boxed{\text{ス}}$ になるから……。
良子：この四面体の体積の最大値は $\dfrac{\boxed{\text{セ}}}{\boxed{\text{ソタ}}}$ になるね。

(1) $\boxed{\text{ス}}$ に当てはまるものを，次の ⓪～⑧ のうちから一つ選べ。

⓪ $\sin\theta$　　① $\sqrt{3}\sin\theta$　　② $2\sin\theta$
③ $\cos\theta$　　④ $\sqrt{3}\cos\theta$　　⑤ $2\cos\theta$
⑥ $\tan\theta$　　⑦ $\sqrt{3}\tan\theta$　　⑧ $2\tan\theta$

(2) $\boxed{\text{セ}}$，$\boxed{\text{ソタ}}$ に当てはまる数を答えよ。

(3) 体積が最大になるときの四面体 ABCD を K とする。
四面体 K において

$$\mathrm{AC}=\sqrt{\boxed{\text{チツ}}}$$

であり，平面 ABC 上において

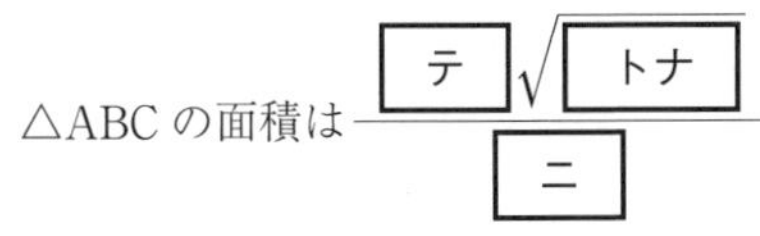

△ABC の面積は $\dfrac{\boxed{\text{テ}}\sqrt{\boxed{\text{トナ}}}}{\boxed{\text{ニ}}}$

であるから，点 D から平面 ABC に下ろした垂線の長さは $\dfrac{\boxed{\text{ヌ}}\sqrt{\boxed{\text{ネノ}}}}{\boxed{\text{ハヒ}}}$ である。

§5　データの分析

★33 【10分】

次の表1は，通学時間について，30人の学生に聞いた結果を累積度数分布表にまとめたものである。

階級(分) (以上)　(未満)	階級値 (分)	累積度数 (人)
0 ～ 10	5	3
10 ～ 20	15	7
20 ～ 30	25	12
30 ～ 40	35	18
40 ～ 50	45	25
50 ～ 60	55	28
60 ～ 70	65	30

表1

(1) 表1をもとに30人の通学時間のヒストグラムを作成した。表1の累積度数分布表に対応するものは［ア］である。［ア］に当てはまるものを，次の⓪～③のうちから一つ選べ。

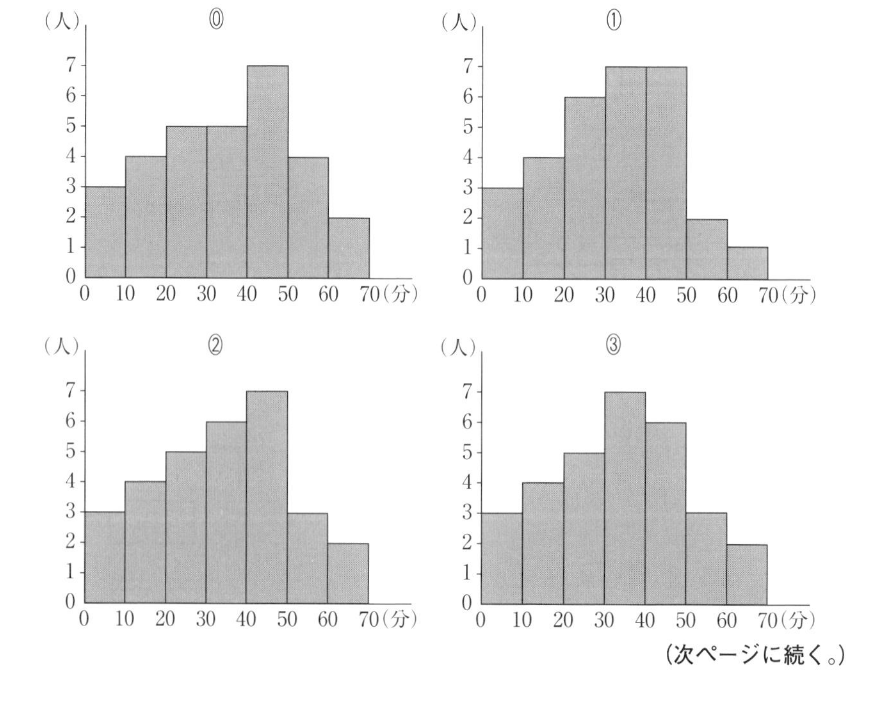

(次ページに続く。)

(2) 通学時間が「10分未満」の相対度数は 0. イウ であり，「30分以上40分未満」の相対度数は 0. エオ である。

(3) この30人のデータの第1四分位数が含まれる階級は カ であり，第3四分位数が含まれる階級は キ である。 カ ， キ に当てはまるものを，次の ⓪～⑥ のうちから一つずつ選べ。

⓪ 0分以上10分未満　① 10分以上20分未満　② 20分以上30分未満
③ 30分以上40分未満　④ 40分以上50分未満　⑤ 50分以上60分未満
⑥ 60分以上70分未満

(4) このデータを箱ひげ図にまとめたとき，表1と矛盾するものを，次の ⓪～⑤ のうちから三つ選べ。ただし，解答の順序は問わない。 ク ， ケ ， コ

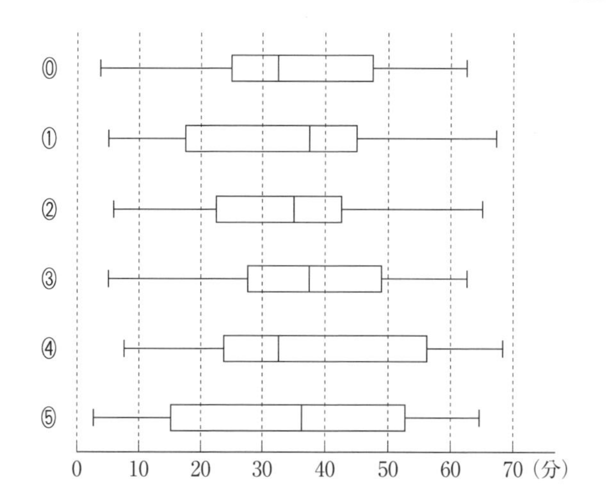

(5) 階級値を用いて，データの平均値(a)，中央値(b)，最頻値(c)を求めると，a，b，c の大小関係について サ が成り立つ。 サ に当てはまるものを，次の ⓪～⑤ のうちから一つ選べ。

⓪ $a<b<c$　① $b<c<a$　② $c<a<b$
③ $a<c<b$　④ $b<a<c$　⑤ $c<b<a$

★34 【10分】

次の図は，A組からD組までの四つのクラスに行った数学のテストの結果を箱ひげ図に表したものである。どのクラスも人数は39人であり，テストは100点満点で，点数は整数である。

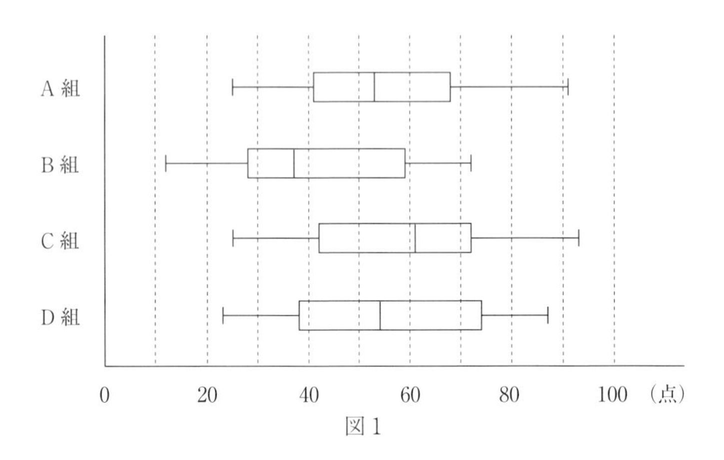

図1

(1)　図1の箱ひげ図についての記述として正しいものを，次の ⓪～⑤ のうちから二つ選べ。ただし，解答の順序は問わない。［ア］，［イ］

⓪　4クラス全体の最高点の生徒がいるのはA組である。

①　4クラス全体の最低点の生徒がいるのはC組である。

②　4クラスで比べたとき，範囲が最も大きいのはB組である。

③　4クラスで比べたとき，四分位範囲が最も大きいのはD組である。

④　4クラスで比べたとき，第1四分位数と中央値の差が最も小さいのはA組である。

⑤　4クラスで比べたとき，第3四分位数と中央値の差が最も小さいのはC組である。

(次ページに続く。)

(2) 次の[ウ]～[コ]に当てはまるものを，下の ⓪～③ のうちから一つずつ選べ。ただし，同じものを繰り返し選んでもよい。また，[ウ]と[エ]，[ク]と[ケ]の解答の順序は問わない。

90 点以上の生徒がいるクラスは[ウ]と[エ]であり，20 点未満の生徒がいるクラスは[オ]である。

60 点以上の生徒が 10 人未満であるクラスは[カ]であり，20 人以上いるクラスは[キ]である。

40 点以下の生徒が 10 人未満であるクラスは[ク]と[ケ]であり，20 人以上いるクラスは[コ]である。

⓪ A 組　　① B 組　　② C 組　　③ D 組

(3) A 組について，40 点以上 70 点以下の生徒の人数として，考えられる最大の人数は[サシ]人であり，最小の人数は[スセ]人である。

★★35 【12分】

次の図は，ある都市におけるある年の毎月1日の最低気温を変量 x，最高気温を変量 y とした散布図である。ただし，x，y は，整数とする。

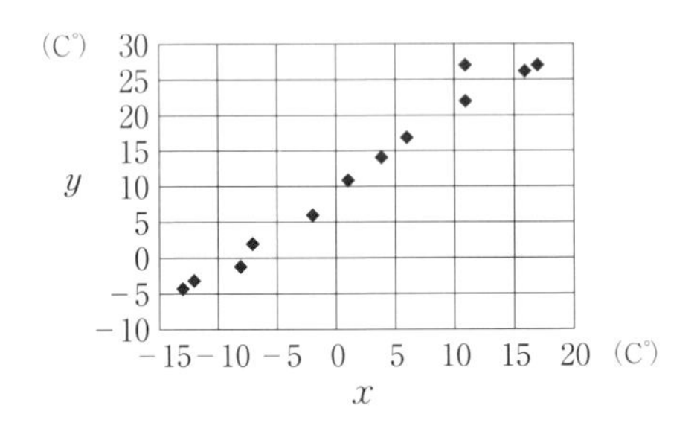

(1)　1月から12月までの変量 x は次のとおりであった。

−13，−12，−7，1，6，11，16，17，11，4，−2，−8　(単位は℃)

この12個の値の平均値は［ア］.［イ］℃，中央値は［ウ］.［エ］℃である。

また，第1四分位数は［オカ］.［キ］℃，第3四分位数は［クケ］.［コ］℃である。

(2)　変量 x のデータの分散を $v(\fallingdotseq 102)$，標準偏差を $s(\fallingdotseq 10.1)$ とする。温度の単位は，摂氏(℃)のほかに華氏(°F)があり，摂氏(℃)での温度を1.8倍し32を加えると華氏(°F)の温度になる。

変量 x を華氏(°F)で表すと，平均値は［サ］，分散は［シ］，標準偏差は［ス］である。［サ］～［ス］に当てはまるものを，次の ⓪～⑨ のうちから一つずつ選べ。

⓪　［ア］.［イ］×1.8　　①　［ア］.［イ］×1.8+32

②　$v\times1.8$　　③　$v\times1.8+32$

④　$v\times1.8^2$　　⑤　$v\times1.8^2+32$

⑥　$s\times1.8$　　⑦　$s\times1.8+32$

⑧　$s\times1.8^2$　　⑨　$s\times1.8^2+32$

(次ページに続く。)

(3) 変量 y の 12 個のデータについて

平均値 …… 12.0 ℃
中央値 …… 12.5 ℃
第 1 四分位数 …… 0.5 ℃
第 3 四分位数 …… 24 ℃

である。

しかし，変量 x と変量 y の散布図のデータの中で，入力ミスが見つかった。変量 x の値が 11 ℃，変量 y の値が 27 ℃となっている月の変量 y の値は，正しくは，21 ℃であった。

この誤りを修正すると，変量 y の平均値は［セ］.［ソ］℃減少する。中央値は［タ］し，第 1 四分位数は［チ］し，第 3 四分位数は［ツ］する。また，分散は［テ］する。［タ］～［テ］については，当てはまるものを，次の ⓪～② のうちから一つずつ選べ。ただし，同じものを繰り返し選んでもよい。

⓪ 修正前より増加　　① 修正前より減少　　② 修正前と一致

(4) 修正後の変量 x と変量 y の相関係数 r の値は［ト］を満たす。［ト］に当てはまるものを，次の ⓪～③ のうちから一つ選べ。

⓪ $-1 \leqq r \leqq -0.8$　　① $-0.5 \leqq r \leqq -0.3$

② $0.3 \leqq r \leqq 0.5$　　③ $0.8 \leqq r \leqq 1$

★★36 【12分】

次の表は，3回行われた30点満点のゲームの得点をまとめたものである。1回戦のゲームに15人の選手が参加し，そのうちの得点が上位の10人が2回戦のゲームに参加した。さらに，2回戦の得点が上位の6人が3回戦のゲームに参加した。表中の「－」は，そのゲームに参加しなかったことを表している。なお，ゲームの得点は整数値をとるものとする。

番号	1回戦(点)	2回戦(点)	3回戦(点)
1	21	20	－
2	28	30	C
3	16	－	－
4	8	－	－
5	26	28	D
6	26	30	27
7	19	20	－
8	24	24	23
9	12	－	－
10	21	22	－
11	12	－	－
12	16	－	－
13	19	18	－
14	28	24	30
15	24	24	23
平均値	20.0	24.0	26.0
分散	36.0	A	8.0
標準偏差	6.0	B	2.8

(1)　1回戦のゲームに参加した15人の得点の中央値は［アイ］.［ウ］点，第1四分位数は［エオ］.［カ］点，第3四分位数は［キク］.［ケ］点である。したがって，四分位範囲は［コサ］.［シ］点である。

(次ページに続く。)

(2) 1回戦の得点の箱ひげ図を，次の ⓪～③ のうちから一つ選べ。 ス

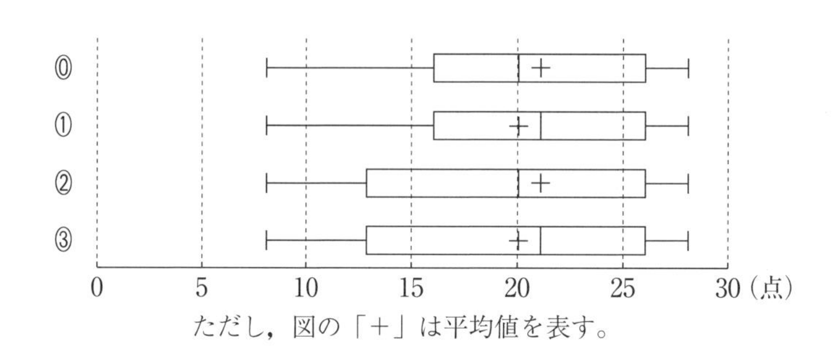

ただし，図の「＋」は平均値を表す。

(3) 2回戦のゲームに参加した10人の得点について，平均値24.0からの偏差の最大値は セ . ソ 点である。また，分散Aの値は タチ . ツ ，標準偏差Bの値は テ . ト 点である。

(4) 3回戦のゲームの得点について，大小関係C>Dが成り立っている。

C，Dの値から平均値26.0点を引いた整数値を，それぞれ x，y とする。つまり

$$x=\mathrm{C}-26,\quad y=\mathrm{D}-26$$

とする。

3回戦のゲームの得点の平均値が26.0点，分散が8.0点であることから，次の式が成り立つ。

$$x+y= \boxed{ナ},\quad x^2+y^2= \boxed{ニヌ}$$

(5) Cの値は ネノ ，Dの値は ハヒ である。

★★37 【12分】

ある20人のクラスで単語テストを2回行った。次の表1は，その2回のテストの結果をまとめたものである。表1の横軸は1回目の得点を，縦軸は2回目の得点を表している。表1中の数値は，2回の得点の組み合わせに対応する人数を表している。ただし，得点は，0以上10以下の整数値をとり，空欄は0人であることを表している。例えば，1回目が4点，2回目が5点である生徒の人数は4である。

また，表2は，2回の得点のデータをまとめたものである。ただし，表の数値はすべて正確な値であり，四捨五入されていない。

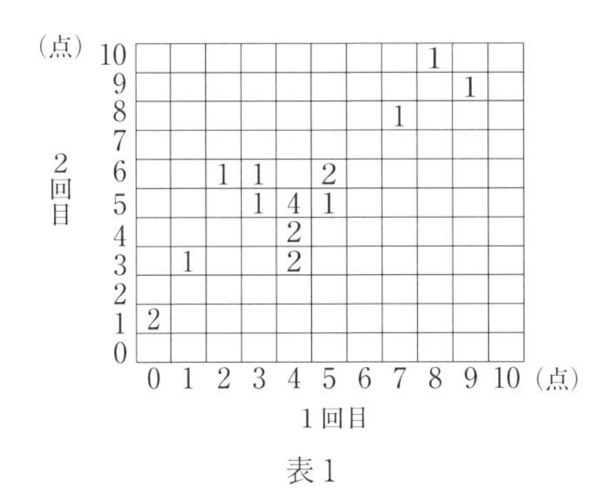

2回目（点）＼1回目（点）	0	1	2	3	4	5	6	7	8	9	10
10									1		
9										1	
8								1			
7											
6			1	1		2					
5				1	4	1					
4					2						
3		1			2						
2											
1	2										
0											

表1

	平均値	中央値	分散
1回目の得点	4.0	4.0	5.0
2回目の得点	5.0	5.0	5.0

1回目と2回目の得点の共分散
4.3

表2

(1)　表1から読み取れる内容として正しいものを，次の ⓪～⑥ のうちから二つ選べ。ただし，解答の順序は問わない。［ア］，［イ］

⓪　1回目の得点が7点以上の生徒は，2回目の得点が1回目の得点より小さくなっている。

①　1回目の得点が5点以上の生徒の人数は5人である。

②　1回目の得点が4点以下の生徒の得点は，2回目の得点も4点以下である。

③　2回目の得点が1回目の得点より小さい生徒の人数は2人である。

④　2回目の得点が1回目の得点より3点以上大きい生徒はいない。

⑤　6点以上の得点をとった生徒の人数は，1回目より2回目の方が多い。

⑥　4点以下の得点をとった生徒の人数は，2回目より1回目の方が5人多い。

(次ページに続く。)

(2) 1回目と2回目の得点を箱ひげ図にまとめたとき，1回目の得点の箱ひげ図は **ウ** であり，2回目の得点の箱ひげ図は **エ** である。**ウ**，**エ** に当てはまるものを，次の ⓪〜⑦ のうちから一つずつ選べ。

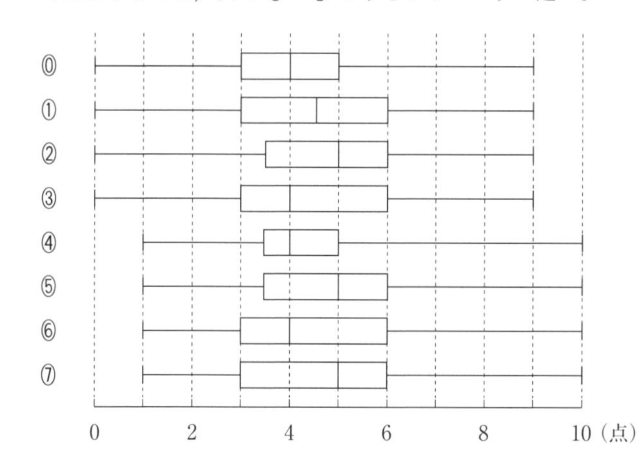

(3) 1回目の得点と2回目の得点の相関係数の値は **オ**.**カキ** である。

(4) 1回目の得点を X，2回目の得点を Y として，Z を

$$Z=aY+b$$

と定める。ただし，a，b は定数，$ab\neq 0$ とする。

・Z の分散は，Y の分散の **ク** 倍になる。

・Z の標準偏差は，Y の標準偏差の **ケ** 倍になる。

・X と Z の共分散は，X と Y の共分散の **コ** 倍である。

・X と Z の相関係数は，X と Y の相関係数の **サ** 倍である。

ク 〜 **サ** に当てはまるものを，次の ⓪〜⑨ のうちから一つずつ選べ。ただし，同じものを繰り返し選んでもよい。

⓪ 1　① a　② b　③ $|a|$　④ $|b|$

⑤ a^2　⑥ b^2　⑦ $a+b$　⑧ $\dfrac{a}{|a|}$　⑨ $\dfrac{b}{|b|}$

データの分析

★★38 【15分】

四つの組で同じ100点満点のテストを行ったところ，各組の成績は次のような結果となった。ただし，次の数値はすべて正確な値であり，四捨五入されていないものとする。

組	人数	平均値	中央値	標準偏差
A	20	65.0	65.0	20.0
B	20	64.0	60.0	12.0
C	25	58.0	60.0	24.0
D	25	64.0	65.0	14.0

(1) 各組の点数に基づいて箱ひげ図を作ったところ，A～Dの各組の箱ひげ図が，それぞれ下の四つのうちのどれか一つとなった。このとき，A組は［ア］，C組は［イ］である。［ア］，［イ］に当てはまるものを，次の⓪～③のうちから一つずつ選べ。

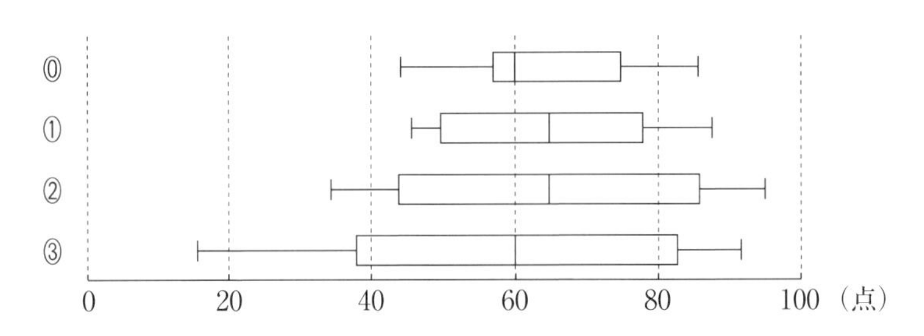

この箱ひげ図から，最小値が最も小さい組は［ウ］，第1四分位数が最も小さい組は［エ］であり，第3四分位数が最も小さい組は［オ］であり，最大値が最も大きい組は［カ］，四分位偏差が最も小さい組は［キ］であることがわかる。

［ウ］～［キ］に当てはまるものを，次の⓪～③のうちから一つずつ選べ。ただし，同じものを繰り返し選んでもよい。

⓪ A　　① B　　② C　　③ D

(次ページに続く。)

(2) 各組の点数に基づいて，0点以上10点未満，10点以上20点未満というように階級の幅10点のヒストグラムを作ったところ，A～Dの各組のヒストグラムが，それぞれ下の四つのうちのどれか一つとなった。ただし，満点は最後の階級に含めることにする。このとき，B組は [ク]，C組は [ケ] である。[ク]，[ケ] に当てはまるものを，次の ⓪～③ のうちから一つずつ選べ。

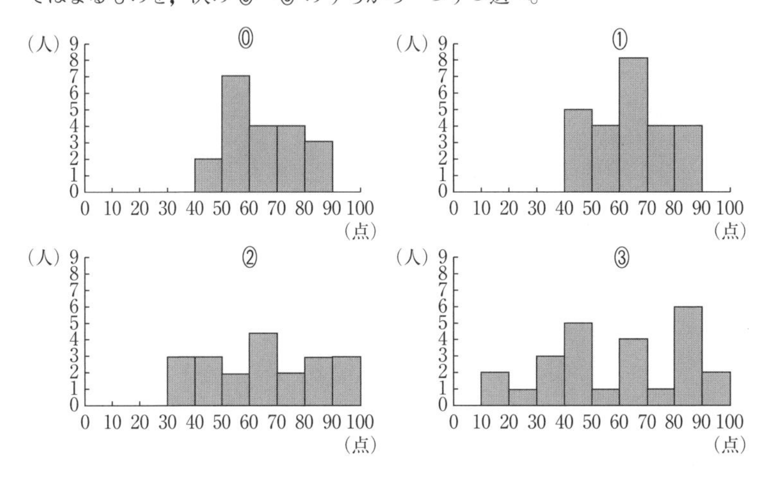

(3) B組とC組を合わせて45人のデータとするとき，点数の平均値は [コサ].[シ] であり，中央値は [ス]。[ス] については，当てはまるものを，次の ⓪～③ のうちから一つ選べ。

⓪ 60より大きくなる　　① 60より小さくなる

② 60のままである　　③ これだけのデータではわからない

(4) B組とD組を合わせて45人のデータとするとき，45人全体の分散を求めてみよう。一般に，n 個のデータ x_1，x_2，……，x_n の平均値 $\overline{x}$ と分散 s^2 について

$$s^2=\frac{1}{n}(x_1{}^2+x_2{}^2+\cdots\cdots+x_n{}^2)-(\overline{x})^2$$

という関係式が成り立つ。すなわち，(2乗の平均)－(平均の2乗)によって，分散を求めることができる。

これを使うと，B組の20人の点数をそれぞれ2乗したものの平均値は [セソタチ].[ツ]。また，D組の25人の点数をそれぞれ2乗したものの平均値は [テトナニ].[ヌ] となる。したがって，45人全体の点数の分散は [ネノハ].[ヒ] である。

★★★39　【15分】

次の表は，ある体育系クラブの部員20人の生徒について，2つのグループに分けて，垂直跳び(cm)と1分間の腹筋(回)の測定をした結果である。表中の数値はすべて正確な値であり，四捨五入されていないものとする。なお，B，Cの値は整数とする。

第1グループ

番号	垂直跳び(cm)	腹筋(回)
1	45	60
2	52	54
3	47	57
4	49	48
5	51	47
6	59	47
7	55	56
8	41	50
9	45	51
10	40	40
平均値	A	51
中央値	48	50.5
分散	32.64	31.40

第2グループ

番号	垂直跳び(cm)	腹筋(回)
11	52	B
12	52	56
13	45	38
14	45	60
15	50	53
16	45	43
17	48	50
18	50	C
19	59	56
20	50	66
平均値	49.6	53
中央値	50	54
分散	16.64	57.40

(1)　第1グループに属する垂直跳びの平均値Aは［アイ］.［ウ］cmである。20人全員の垂直跳びの平均値Mは［エオ］.［カ］cm，中央値は［キク］.［ケ］cmである。

(2)　第2グループの腹筋について，平均値が53回であることから，BとCの2つの値の和は［コサシ］であることがわかる。B>Cであるとき，中央値が54であることから，Bの値は［スセ］，Cの値は［ソタ］である。

(次ページに続く。)

(3) 2つのグループの垂直跳びと腹筋の結果を箱ひげ図にしたものが次の4つである。第1グループの垂直跳びの箱ひげ図は チ ，第1グループの腹筋の箱ひげ図は ツ である。 チ ， ツ に当てはまるものを，次の ⓪～③ のうちから一つずつ選べ。

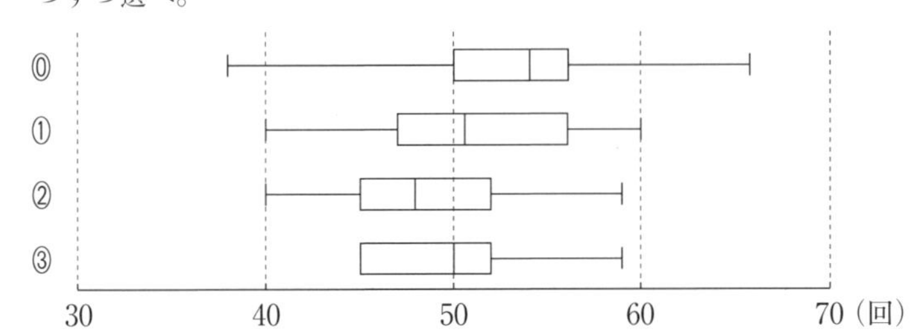

(4) 垂直跳びについて，20人全員の平均値 M からの偏差の2乗の和を二つのグループに分けて求めると，第1グループでは テトナ であり，第2グループでは170である。したがって，20人全員の垂直跳びについて，標準偏差 S の値は ニ . ヌ 回である。

(5) t を正の実数とする。20人全員の垂直跳びの平均値 M と標準偏差 S を用いて，$M-tS$ より大きく $M+tS$ より小さい範囲を考える。

20人全員の中で，垂直跳びの値がこの範囲に入っている部員の人数を $N(t)$ とするとき，$N(1)=$ ネノ ，$N(2)=$ ハヒ である。

(6) 次の図は，20人全員の垂直跳びの結果を横軸，腹筋の結果を縦軸にとった散布図である。この図からの部員20人について，垂直跳びと腹筋の相関係数の値は， フ に最も近いと考えられる。 フ に当てはまるものを，下の ⓪～③ のうちから一つ選べ。

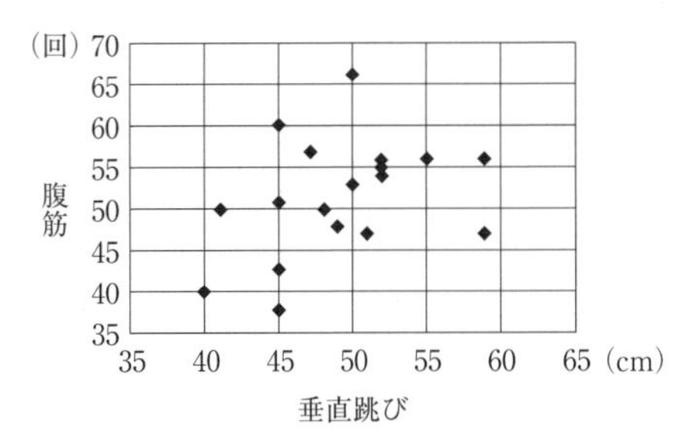

⓪ -0.9　　① -0.3　　② 0.3　　③ 0.9

★★★40 【15分】

下の表は，10名からなるある少人数クラスをⅠ班とⅡ班に分けて，100点満点で2回ずつ実施した数学と英語のテストの結果をまとめたものである。ただし，表中の平均値は，それぞれ1回目と2回目の数学と英語のクラス全体の平均値を表している。また，A，Bの値は整数とする。

		1回目		2回目	
班	番号	数学	英語	数学	英語
Ⅰ	1	54	57	30	54
	2	62	68	56	63
	3	60	58	58	42
	4	75	69	49	61
	5	69	B	37	35
Ⅱ	6	A	48	40	44
	7	85	55	79	50
	8	58	83	44	70
	9	61	51	60	68
	10	63	63	52	43
平均値		65.0	C	50.5	53.0

(1) 1回目の数学の得点について，平均値が65.0点であるので，Ⅱ班の6番目の生徒の得点Aは［アイ］点である。クラス全体の得点の第1四分位数は［ウエ］.［オ］点，第3四分位数は［カキ］.［ク］点であるから，四分位偏差は［ケ］.［コ］点である。

(2) 1回目の英語の得点について，Ⅰ班の5番目の生徒の得点Bの値がわからないとき，クラス全体の得点の中央値Mの値として［サ］通りの値があり得る。実際は，英語の得点のクラス全体は平均値Cが61.0点であった。したがって，Bは［シス］点と定まり，中央値Mは［セソ］.［タ］点である。

(次ページに続く。)

(3) I 班の 2 回目の数学と英語の得点について，数学の平均値は 46.0 点，英語の平均値は 51.0 であり，分散はともに 118.0 である。したがって，相関係数は

［チ］.［ツテ］である。

(4) 1 回目のクラス全体の数学と英語の得点の散布図は［ト］である。2 回目のクラス全体の数学と英語の得点の散布図は［ナ］である。

［ト］，［ナ］に当てはまるものを，次の ⓪～③ のうちから一つずつ選べ。

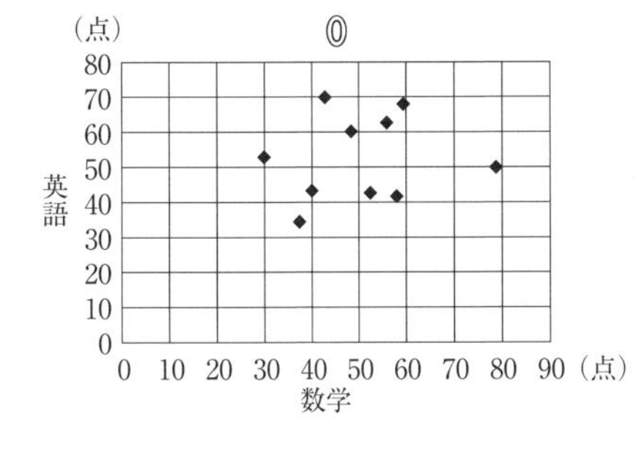

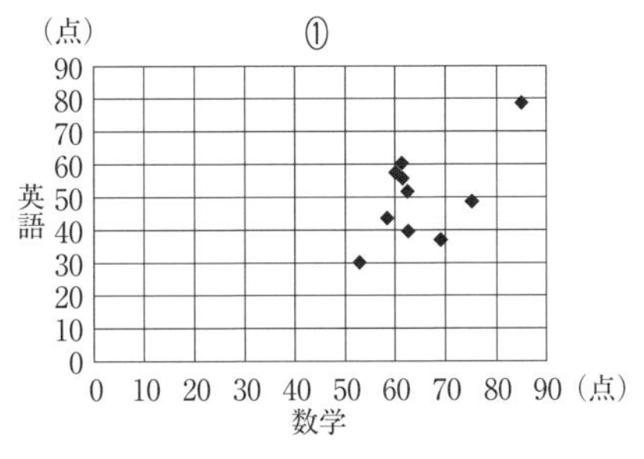

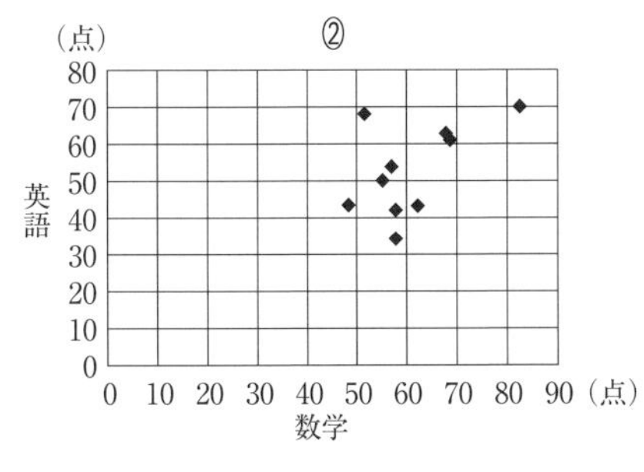

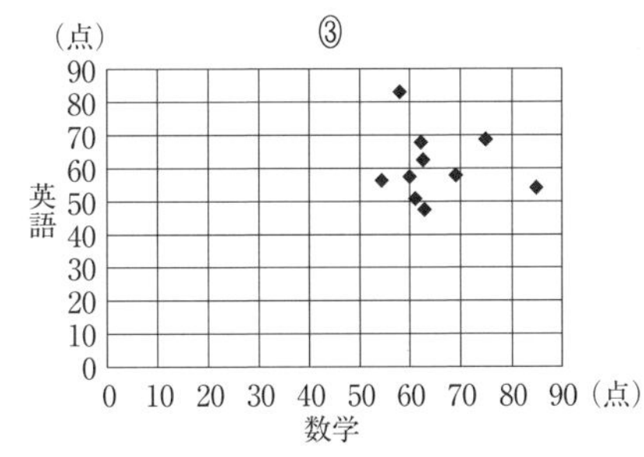

(5) 2 回目のクラス全体の 10 名の英語の得点について，採点基準に変更があり，得点の高い方から 2 名の得点が 2 点ずつ上がり，得点の低い方から 2 名の得点が 2 点ずつ下がった，その他の 6 名の得点に変更はなかった。このとき，変更後の平均値は［ニ］する。また，変更後の分散は［ヌ］する。

［ニ］，［ヌ］に当てはまるものを，次の ⓪～② のうちから一つずつ選べ。

ただし，同じものを繰り返し選んでもよい。

⓪ 変更前より減少　　① 変更前と一致　　② 変更前より増加

§6　場合の数と確率

★41 【12分】

箱の中に10本のくじが入っている。このうち，当たりくじは4本，はずれくじは6本である。

先生と一郎さんと良子さんは，くじの引き方について話している。

先生：箱からくじを引くときに，くじの引き方によって，当たりくじを引く確率が異なるから，それを調べてみましょう。
一郎：最初に，箱から3本のくじを同時に引く場合を考えてみます。
　この場合，当たりくじを1本だけ引く確率 p_1 は $p_1=\frac{\boxed{ア}}{\boxed{イ}}$，当たりくじを少なくとも1本引く確率 p_2 は $p_2=\frac{\boxed{ウ}}{\boxed{エ}}$ になります。
先生：そうですね。
良子：当たりくじを引いたという条件のもとで，当たりくじが1本だけであるという条件付き確率は $\frac{\boxed{オ}}{\boxed{カ}}$ ですね。
一郎：なるほど。

(1)　$\boxed{ア}$ ～ $\boxed{カ}$ に当てはまる数を答えよ。

良子：次に，箱からくじを1本引いて箱に戻すという試行を3回繰り返す場合を考えます。
先生：この試行を反復試行といいますね。
良子：この場合，当たりくじを1回だけ引く確率 q_1 は $q_1=\boxed{キ}$，当たりくじを少なくとも1回引く確率 q_2 は $q_2=\boxed{ク}$ になります。
先生：そうですね。

（次ページに続く。）

(2) キ, ク に当てはまるものを，次の ⓪～⑦ のうちから一つずつ選べ。

⓪ $\frac{8}{125}$　① $\frac{27}{125}$　② $\frac{36}{125}$　③ $\frac{54}{125}$
④ $\frac{71}{125}$　⑤ $\frac{89}{125}$　⑥ $\frac{98}{125}$　⑦ $\frac{117}{125}$

最後に，先生から次のような提案があった。

先生：箱からくじを1本引いて，それを箱に戻し，次に箱から2本のくじを同時に引く場合を考えてみましょう。
一郎：この場合は，最初に引くくじが当たりくじか，はずれくじかで場合分けをして考える必要がありますね。
良子：そうだね。このときの確率を計算してみると，合計3本のくじのうち，当たりくじが1本だけである確率 r_1 は $r_1=$ ケ になり，当たりくじを少なくとも1本引く確率 r_2 は $r_2=$ コ になります。
一郎：当たりくじを引いたという条件のもとで，当たりくじが1本だけであるという条件付き確率は サ になりますね。

(3) ケ ～ サ に当てはまるものを，次の ⓪～⑧ のうちから一つずつ選べ。

⓪ $\frac{2}{5}$　① $\frac{3}{5}$　② $\frac{4}{5}$　③ $\frac{17}{30}$　④ $\frac{19}{30}$
⑤ $\frac{23}{30}$　⑥ $\frac{32}{75}$　⑦ $\frac{34}{75}$　⑧ $\frac{37}{75}$

(4) p_1，q_1，r_1 の間の大小関係は シ であり，p_2，q_2，r_2 の間の大小関係は ス である。シ，ス に当てはまるものを，次の各解答群のうちから一つずつ選べ。

シ の解答群

⓪ $p_1>q_1>r_1$　① $p_1>r_1>q_1$　② $q_1>p_1>r_1$
③ $q_1>r_1>p_1$　④ $r_1>p_1>q_1$　⑤ $r_1>q_1>p_1$

ス の解答群

⓪ $p_2>q_2>r_2$　① $p_2>r_2>q_2$　② $q_2>p_2>r_2$
③ $q_2>r_2>p_2$　④ $r_2>p_2>q_2$　⑤ $r_2>q_2>p_2$

★42 【12分】

一郎さんと良子さんは，ジャンケンの確率について考えている。

一郎：A，B 2人でジャンケンをする場合を考えてみようか。
良子：ジャンケンの手の出し方は，グー，チョキ，パーの3通りあるから，2人の手の出し方は 3^2 通りあるね。
一郎：ということは，2人で1回ジャンケンをしてAが勝つ確率は［ア］だね。
良子：あいこになる確率は［イ］となるね。

(1) ［ア］，［イ］に当てはまるものを，次の ⓪～⑦ のうちから一つずつ選べ。ただし，同じものを繰り返し選んでもよい。

⓪ $\frac{1}{3}$　① $\frac{2}{3}$　② $\frac{1}{9}$　③ $\frac{2}{9}$
④ $\frac{4}{9}$　⑤ $\frac{5}{9}$　⑥ $\frac{7}{9}$　⑦ $\frac{8}{9}$

2人は，3人でジャンケンをする場合について話し合っている。

一郎：A，B，C 3人でジャンケンをする場合はどうなるのかな。
良子：この場合，3人の手の出し方は 3^3 通りあるね。
一郎：3人で1回ジャンケンをして，A 1人だけが勝つ確率は［ウ］だね。
良子：じゃあ，A，B 2人だけが勝って，Cが負ける確率はどうなるのかな。
一郎：A，B 2人だけが勝つ確率は［エ］になるよ。
良子：ということは，あいこになる確率は［オ］になるね。

(2) ［ウ］～［オ］に当てはまるものを，次の ⓪～⑦ のうちから一つずつ選べ。ただし，同じものを繰り返し選んでもよい。

⓪ $\frac{1}{3}$　① $\frac{2}{3}$　② $\frac{1}{9}$　③ $\frac{2}{9}$
④ $\frac{4}{9}$　⑤ $\frac{5}{9}$　⑥ $\frac{7}{9}$　⑦ $\frac{8}{9}$

（次ページに続く。）

一郎：ジャンケンの確率を考えるときに，人数が増えるとあいこになる確率を計算するのは難しそうだね。

良子：そうだね。4人でジャンケンをする場合を考えてみよう。

一郎：3人でジャンケンをする場合と同じように考えると，4人で1回ジャンケンをして，1人だけが勝ち残る確率は $\dfrac{\boxed{カ}}{\boxed{キク}}$ になったよ。

良子：ということは，余事象を考えると，4人で1回ジャンケンをしてあいこに

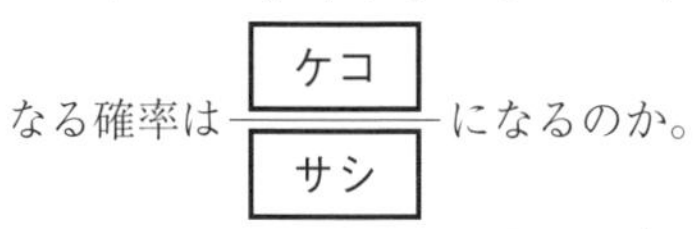

なる確率は $\dfrac{\boxed{ケコ}}{\boxed{サシ}}$ になるのか。

一郎：一般に，n 人でジャンケンをする場合はどうなるんだろうね。

(3)　$\boxed{カ}$ ～ $\boxed{サシ}$ に当てはまる数を答えよ。

(4)　A，B，C 3人がジャンケンをし，負けた人は次のジャンケンに参加できないものとする。

このとき，3回のジャンケンで1人の勝者が決まる確率は $\dfrac{\boxed{ス}}{\boxed{セソ}}$ である。

★★43　【12分】

円周を12等分した点を反時計回りの順に P_1，P_2，P_3，……，P_{12} とする。このうち異なる3点を選び，それらを頂点とする三角形を作る。

(1)　このようにして作られる三角形の個数は，全部で［アイウ］個である。

このうち正三角形は［エ］個で，直角二等辺三角形は［オカ］個である。

(2)　このようにして作られる三角形が，正三角形でない二等辺三角形になる確率は $\dfrac{\boxed{キク}}{\boxed{ケコ}}$ である。また，直角三角形になる確率は $\dfrac{\boxed{サ}}{\boxed{シス}}$ である。

(3)　このようにして作られる三角形が二等辺三角形(正三角形を含む)であるとき，それが直角三角形である条件付き確率は $\dfrac{\boxed{セ}}{\boxed{ソタ}}$ であり，正三角形である条件付き確率は $\dfrac{\boxed{チ}}{\boxed{ツテ}}$ である。

★★44 【12分】

赤い玉が2個，青い玉が3個，白い玉が4個ある。これら9個の玉を袋に入れてよくかきまぜ，その中から4個を取り出す。

取り出したものに同じ色の玉が2個あるごとに，これを1組としてまとめる。まとめられた組に対しては，赤は1組につき5点，青は1組につき3点，白は1組につき1点が与えられる。

このときの得点の合計を X とする。

(1) 取り出した4個の玉について，同じ色の組が2組あるとき，X の最大値は [ア] であり，最小値は [イ] である。また，同じ色の組が1組であるときも含めて，X のとり得る値は [ウ] 通りである。

(2) X が最大値をとる確率は $\dfrac{\boxed{エ}}{\boxed{オカ}}$ である。

(3) $X=5$ となる確率は $\dfrac{\boxed{キ}}{\boxed{クケ}}$ である。また $X=3$ となる確率は $\dfrac{\boxed{コ}}{\boxed{サシ}}$ である。

(4) X が最小値をとる確率は $\dfrac{\boxed{ス}}{\boxed{セ}}$ である。また，X が最小値をとるという条件の下で，取り出される玉の色が3色である条件付き確率は $\dfrac{\boxed{ソ}}{\boxed{タチ}}$ である。

★★45 【12分】

右の図のような格子状の道が与えられている。点Oから出発して各交差点(Oを含む)で1回硬貨を投げる。表が出れば右隣りの交差点へ，裏が出れば上隣りの交差点へ進むものとする。8回硬貨を投げて進む場合を考える。

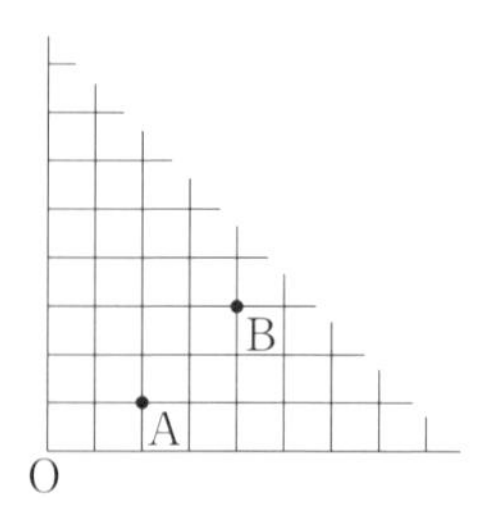

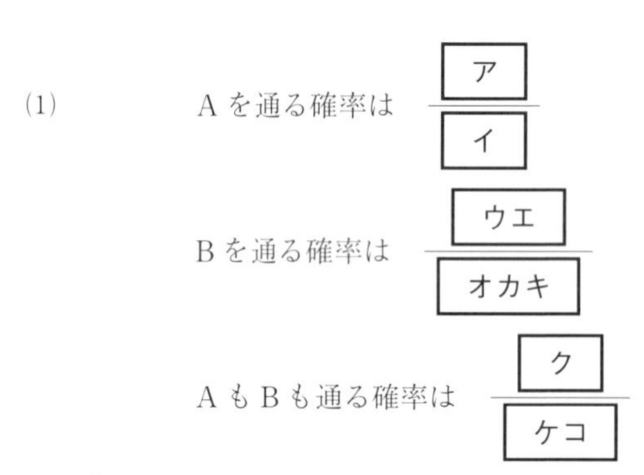

であるから

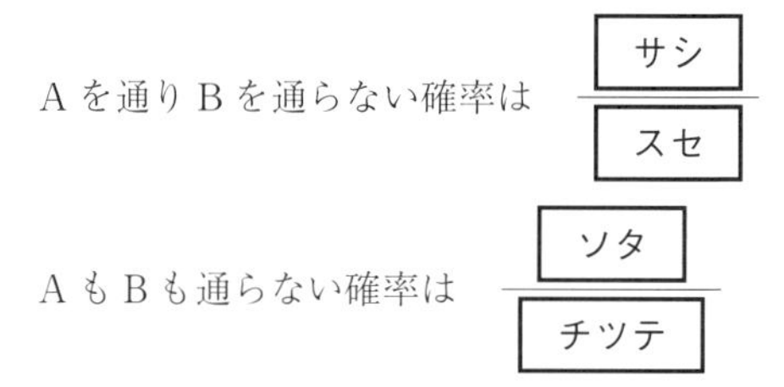

である。

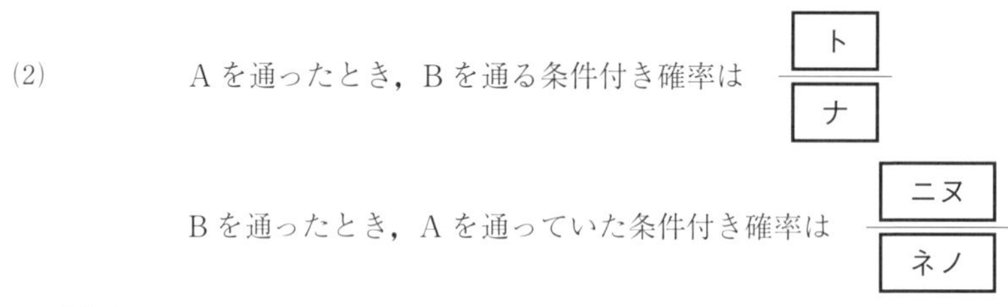

である。

★★46 【12分】

赤い玉，白い玉，青い玉がそれぞれ2個ずつ入った袋がある。赤い玉には，1，1，白い玉には，1，2，青い玉には，2，2，という数字が一つずつ書いてある。

この袋の中から玉を1個ずつ3回取り出すことを考える。ただし，赤い玉と白い玉を取り出したときは袋の中に戻し，青い玉のときは戻さないことにする。

(1) 3回とも赤い玉を取り出す確率は$\dfrac{\boxed{\text{ア}}}{\boxed{\text{イウ}}}$である。

取り出した玉の色が，白，青，赤の順になる確率は$\dfrac{\boxed{\text{エ}}}{\boxed{\text{オカ}}}$である。

取り出した玉の色が，青，青，赤の順になる確率は$\dfrac{\boxed{\text{キ}}}{\boxed{\text{クケ}}}$である。

青い玉を2回，赤い玉を1回取り出す確率は$\dfrac{\boxed{\text{コサ}}}{\boxed{\text{シスセ}}}$である。

(2) 2回目に取り出した玉に書いてある数字が1である確率は$\dfrac{\boxed{\text{ソ}}}{\boxed{\text{タチ}}}$である。また，取り出した玉に書いてある数字が3回とも2である確率は$\dfrac{\boxed{\text{ツテト}}}{\boxed{\text{ナニヌネ}}}$である。

★★★47 【12分】

数字1が記入されたカードが4枚，数字2が記入されたカードが2枚，数字3が記入されたカードが2枚の計8枚のカードがある。

(1) 8枚のカードから3枚のカードを取り出す。取り出したカードに記入された三つの数字の組合せは［ア］通りである。また，取り出した3枚のカードの数字を並べてできる3桁の整数は［イウ］通りである。

(2) 8枚のカードから同時に3枚のカードを取り出す。事象 A，B，C を

A：3枚のカードの数字がすべて同じである
B：3枚のカードのうち，2枚のカードの数字だけが同じである
C：3枚のカードの数字がすべて異なる

とする。

このとき

$$P(A)=\frac{\fbox{エ}}{\fbox{オカ}},\quad P(B)=\frac{\fbox{キ}}{\fbox{クケ}},\quad P(C)=\frac{\fbox{コ}}{\fbox{サ}}$$

である。

また，事象 D を

D：3枚のカードの数字の和が4以下である

とすると

$$P(D)=\frac{\fbox{シ}}{\fbox{ス}}$$

であり

$$P_D(B)=\frac{\fbox{セ}}{\fbox{ソ}}$$

である。

（次ページに続く。）

(3) 8枚のカードから1枚ずつ順に3枚のカードを取り出す。ただし，取り出したカードは元に戻さないものとする。事象E_i($i=1$, 2, 3)を

E_i : i回目に数字1のカードを取り出す

とする。E_iの余事象を$\overline{E_i}$と表す。

このとき

$$P(E_2)=\frac{\boxed{タ}}{\boxed{チ}}$$

$$P(E_1\cup E_2)=\frac{\boxed{ツテ}}{\boxed{トナ}}$$

$$P(\overline{E_1}\cap\overline{E_2})=\frac{\boxed{ニ}}{\boxed{ヌネ}}$$

である。

また，事象Fを

F : 3枚のカードの数字の和が4以下である

とすると

$$P(F)=\frac{\boxed{ノ}}{\boxed{ハ}}$$

であり

$$P_F(\overline{E_3})=\frac{\boxed{ヒ}}{\boxed{フ}}$$

である。

★★★48 【12分】

右図のように，正六角形の中心をOとし，六つの頂点をA_1，A_2，A_3，A_4，A_5，A_6とする。今，サイコロを投げて出る目の数字によって，次のように点Pを移動させることにする。

- PがA_1，A_2，A_3，A_5，A_6の位置にあるとき
  - ・1，2の目が出ると反時計まわりに一つ隣りの頂点に
  - ・3，4の目が出ると時計まわりに一つ隣りの頂点に
  - ・5，6の目が出るとOの位置に

  移動させる。
- PがOの位置にあるとき
  出た目がiのときA_iの位置に移動させる。$(1 \leqq i \leqq 6)$

最初A_1の位置から始めて，A_4の位置に移動するまで続けるとする。

(1)　2回の移動で点PがA_3の位置にある確率は$\frac{\boxed{ア}}{\boxed{イ}}$であり，Oの位置にある確率は$\frac{\boxed{ウ}}{\boxed{エ}}$である。

(2)　3回の移動で点PがA_3の位置にある確率は$\frac{\boxed{オ}}{\boxed{カキ}}$であり，Oの位置にある確率は$\frac{\boxed{クケ}}{\boxed{コサ}}$である。

(次ページに続く。)

(3) 4回以内の移動で A_4 の位置に到達する確率は $\dfrac{\boxed{\text{シス}}}{\boxed{\text{セソタ}}}$ である。

(4) 4回以内の移動で A_4 の位置に到達したとき，3回目にOの位置にあった条件付き確率は $\dfrac{\boxed{\text{チ}}}{\boxed{\text{ツ}}}$ である。

§7 整数の性質

★49 【12 分】

一郎さんと良子さんは素因数分解の形で表された整数 $N=2^5\cdot3^4\cdot7^2$ について考えている。

> 一郎：素因数分解されていると，N の約数がわかりやすいね。
> 良子：そうだね。2，3，7 以外の素因数をもつ整数は約数にはならないし，素因数の指数が N の素因数の指数を超えているときは約数にならないから，N の約数は素因数分解の形を見ればすぐにわかるよ。
> 一郎：1 も約数に含まれるんだったよね。
> 良子：そうだよ。それと N 自身も約数に含まれるよ。
> 一郎：そうか。指数を考えれば，約数の性質もわかるね。

(1) N の正の約数は全部で［アイ］個あり，このうち，偶数は［ウエ］個，21 の倍数は［オカ］個ある。また，N の正の約数で 3 と互いに素であるものは［キク］個ある。

(2) N の正の約数のうち，平方数であるものは［ケコ］個ある。このうち最小の平方数は 1，2 番目に小さい平方数は［サ］であり，最大の平方数は $2^{\boxed{シ}}\cdot3^{\boxed{ス}}\cdot7^{\boxed{セ}}$ である。ここで，平方数とはある自然数の平方で表される整数のことである。

(次ページに続く。)

次に，一郎さんと良子さんは最大公約数や最小公倍数について考えている。

一郎：もう一つの整数Mをとって，Nとの最大公約数や最小公倍数を考えてみよう。
良子：じゃあ，$M=2^3\cdot3^5\cdot5^2$にしよう。
一郎：NとMの最大公約数は［ソ］，最小公倍数は［タ］だね。

(3) ［ソ］，［タ］に当てはまるものを，次の⓪～⑨のうちから一つずつ選べ。

⓪ 1　① 2^3　② 2^5　③ 3^4　④ 3^5　⑤ 5^2
⑥ 7^2　⑦ $2^3\cdot3^4$　⑧ $2^5\cdot3^5$　⑨ $2^5\cdot3^5\cdot5^2\cdot7^2$

さらに，次のような会話を続けた。

一郎：じゃあ，今度はNとの最大公約数が与えられた自然数になるような，もう一つの整数Lについて考えてみよう。
良子：NとLの最大公約数を$3^3\cdot7$としてみよう。

(4) Lについての次の記述⓪～⑤のうち，**誤っているもの**を二つ選べ。ただし，解答の順序は問わない。［チ］，［ツ］

⓪ Lは奇数である。
① Lは偶数である。
② Lは7の倍数である。
③ Lは27の倍数である。
④ Lは81の倍数である。
⑤ Lは3と7以外の素因数をもつ。

(5) KをNとは異なる自然数とする。KとNの最大公約数と最小公倍数についての次の記述⓪～③のうち，**誤っているもの**を二つ選べ。ただし，解答の順序は問わない。［テ］，［ト］

⓪ NとKの最大公約数が1で，最小公倍数が$2^5\cdot3^4\cdot7^2$であるようなKが存在する。
① NとKの最大公約数と最小公倍数がともに$2^5\cdot3^4\cdot7^2$であるようなKが存在する。
② NとKの最大公約数が2^5で，最小公倍数が$2^6\cdot3^4\cdot7^2$であるようなKが存在する。
③ NとKの最大公約数が3^3で，最小公倍数が$2^5\cdot3^5\cdot7^2$であるようなKが存在する。

★50 【10分】

三つの自然数A，B，C(A＞B＞C)があり，次の条件(i)〜(iii)を満たしている。

(i)　A，B，Cの最大公約数は45である。

(ii)　A，Bの最大公約数は225，最小公倍数は1350である。

(iii)　B，Cの最小公倍数は3150である。

条件(ii)より

A＝[アイウ]a，　B＝[アイウ]b　(a，bは互いに素な自然数)

とおくと，ab＝[エ]である。

さらに，条件(i)より

A＝[オカ]a'，　B＝[オカ]b'，　C＝[オカ]c'

(a'，b'，c'は最大公約数が1である自然数)

とおくと，a'＝[キ]a，b'＝[キ]bである。

条件(iii)と3150＝45・[クケ]であることからc'＝[コ]である。

よって

A＝[サシス]，　B＝[セソタ]，　C＝[チツテ]

である。

★★51 【10分】

x，y の方程式

$$xy+10x+6y-31=0 \quad \cdots\cdots①$$

がある。①を変形すると

$$(x+\boxed{\text{ア}})(y+\boxed{\text{イ}})=\boxed{\text{ウ}}$$

となる。$\boxed{\text{ア}}$，$\boxed{\text{イ}}$，$\boxed{\text{ウ}}$ に当てはまるものを，次の ⓪～④ のうちから一つずつ選べ。

⓪ 6　① 10　② 31　③ -29　④ 91

したがって，①を満たす整数 x，y の組は $\boxed{\text{エ}}$ 個ある。

さらに，x，y の方程式

$$6x^2-7xy+2y^2+2x-2y+1=0 \quad \cdots\cdots②$$

がある。このとき

$$6x^2-7xy+2y^2=(\boxed{\text{オ}}x-y)(\boxed{\text{カ}}x-\boxed{\text{キ}}y)$$

と因数分解できることから，②を変形すると

$$(\boxed{\text{オ}}x-y+\boxed{\text{ク}})(\boxed{\text{カ}}x-\boxed{\text{キ}}y-\boxed{\text{ケ}})=\boxed{\text{コサ}}$$

となり，②を満たす整数 x，y の組は $\boxed{\text{シ}}$ 個ある。

①，②をともに満たす整数 x，y の値は

$$x=\boxed{\text{ス}},\ y=\boxed{\text{セ}}$$

または

$$x=\boxed{\text{ソタチ}},\ y=\boxed{\text{ツテト}}$$

である。

★★52 【15分】

自然数 N を5で割ると3余り，7で割ると6余り，19で割ると14余るという。

(1) N を35で割った余りを求めよう。

N を5，7で割ったときの商を，それぞれ x，y とおくと

$N=$ [ア] $x+$ [イ]
$N=$ [ウ] $y+$ [エ]　(x，y は整数)

と表されるから，x，y は方程式

[ア] $x-$ [ウ] $y=$ [オ]　……①

を満たす。①の解となる自然数 x，y の中で，x の値が最小のものは

$x=$ [カ]，　$y=$ [キ]

であり，①の整数解は

$x=$ [ク] $k+$ [カ]
$y=$ [ケ] $k+$ [キ]　(k は整数)

と表されるから，N を35で割った余りは [コサ] である。

(次ページに続く。)

(2) N を 665 で割った余りを求めよう。

665＝35·19 であり，35 と 19 は互いに素である。N を 35，19 で割ったときの商を，それぞれ z，w とおくと

$N=$ シス $z+$ コサ
$N=$ セソ $w+$ タチ
（z，w は整数）

と表されるから，z，w は方程式

シス $z-$ セソ $w=$ ツ ……②

を満たす。ユークリッドの互除法を利用すると，②の整数解は

$z=$ テト $l+$ ナ
$w=$ ニヌ $l+$ ネノ
（l は整数）

と表されるから，N を 665 で割った余りは ハヒフ である。

★★★53　【15分】

(1)　x，y の不定方程式

$$5x+7y=83 \quad \cdots\cdots①$$

を考える。①を満たす整数 x，y のうち，x の値が正で最小のものは

$x=$ [ア]，　$y=$ [イ]

であるから，①を満たす整数 x，y は k を整数として

$x=$ [ウ] $k+$ [ア]，　$y=-$ [エ] $k+$ [イ]

と表すことができる。

このとき，①を満たす整数 x，y で

$xy>0$ の組は [オ]。

$xy<0$ の組は [カ]。

[オ]，[カ] に当てはまるものを，次の ⓪～④ のうちから一つずつ選べ。ただし，同じものを繰り返し選んでもよい。

⓪　存在しない　　①　1個存在する　　②　2個存在する
③　3個存在する　　④　無数に存在する

①を満たす整数 x，y のうち，$|xy|$ の値が最小となるのは

$x=$ [キク]，　$y=$ [ケコ]

のときで，$|xy|$ の最小値は [サシ] である。

(次ページに続く。)

(2)　m を正の整数とする。x，y の不定方程式

$$5x+7y=83m \qquad \cdots\cdots②$$

を満たす整数 x，y のうち，$xy>0$ を満たすものが5個となる場合を考えよう。

(1)より，②を満たす整数 x，y の組は，l を整数として

$$x=\boxed{ウ}\,l+\boxed{ア}\,m,\quad y=-\boxed{エ}\,l+\boxed{イ}\,m$$

と表すことができる。

$xy>0$ となるような整数 l がちょうど5個となるような m の値は $\boxed{ス}$ である。

この5組の x，y のうち，xy の値が最大になるのは

$$x=\boxed{セソ},\quad y=\boxed{タチ}$$

のときで，xy の最大値は $\boxed{ツテト}$ である。

また，この5組の x，y のうち，x，y が互いに素である組は $\boxed{ナ}$。$\boxed{ナ}$ に当てはまるものを，次の ⓪～⑤ のうちから一つ選べ。

⓪　存在しない　　①　1個存在する　　②　2個存在する
③　3個存在する　　④　4個存在する　　⑤　5個存在する

★★★54 【12分】

〔1〕

(1) n を自然数とする。n が3の倍数でないとき，n は自然数 k を用いて，$n=3k-1$，$3k-2$ と表される。

$n=3k-1$ のとき，n を3で割った余りは［ア］であり，$n=3k-2$ のとき，n を3で割った余りは［イ］である。

$n=3k-1$ のとき

$$n^2=3(\boxed{ウ})+\boxed{エ}$$

$n=3k-2$ のとき

$$n^2=3(\boxed{オ})+\boxed{カ}$$

である。［ウ］，［オ］に当てはまるものを，次の ⓪～⑤ のうちから一つずつ選べ。

⓪ $3k^2-k$　　① $3k^2-2k$　　② $3k^2-3k$
③ $3k^2-2k+1$　　④ $3k^2-4k+1$　　⑤ $3k^2-6k+1$

したがって，3の倍数でない自然数 n に対して n^2 を3で割った余りは［キ］である。［キ］に当てはまるものを，次の ⓪～③ のうちから一つ選べ。

⓪ 0　　① 1　　② 2　　③ 1または2

(2) $a^2+b^2=c^2$ を満たす自然数 a，b，c について述べた次の ⓪～⑦ のうち，**誤っているもの**を二つ選べ。ただし，解答の順序は問わない。［ク］，［ケ］

⓪ a，b，c の少なくとも一つは3の倍数である。
① a，b，c がすべて3の倍数であることはない。
② a と b がともに3の倍数であるならば，c は3の倍数である。
③ a と c がともに3の倍数であるならば，b は3の倍数である。
④ a が3の倍数であるならば，b と c はともに3の倍数である。
⑤ c が3の倍数であるならば，a と b はともに3の倍数である。
⑥ a が3の倍数でないならば，c は3の倍数でない。
⑦ c が3の倍数でないならば，a，b のどちらか一つだけが3の倍数である。

（次ページに続く。）

〔2〕

(1) n を正の奇数とする。n は k を自然数として，$n=2k-1$ と表される。

$$n^2=\boxed{\text{コ}}k(k-1)+\boxed{\text{サ}}$$

であるから，$n=2k-1$ とするとき，n^2 を16で割ったときの余りが1となるような自然数 k は $\boxed{\text{シ}}$，または $\boxed{\text{ス}}$ である。$\boxed{\text{シ}}$，$\boxed{\text{ス}}$ に当てはまるものを，次の ⓪～⑧ のうちから一つずつ選べ。ただし，解答の順序は問わない。

⓪ 偶数　① 奇数　② 3の倍数
③ 3で割ると1余る数　④ 3で割ると2余る数　⑤ 4の倍数
⑥ 4で割ると1余る数　⑦ 4で割ると2余る数　⑧ 4で割ると3余る数

(2) $a^2+b^2=c^2$ を満たす自然数 a，b，c について述べた次の ⓪～⑦ のうち，**誤っているもの**を三つ選べ。ただし，解答の順序は問わない。

⓪ a，b，c がすべて奇数であることはない。
① a，b，c がすべて偶数であることはない。
② a と b がともに偶数であるならば，c は偶数である。
③ a と c がともに偶数であるならば，b は偶数である。
④ a が奇数であるならば，b，c はともに奇数である。
⑤ a が偶数であるならば，b，c の一方は偶数である。
⑥ c が偶数であるならば，a，b はともに偶数である。
⑦ c が奇数であるならば，a，b の一方は奇数である。

★★55 【10分】

正の整数Nを4進法で表すと$abc_{(4)}$，6進法で表すと$def_{(6)}$になり，$a+b+c=d+e+f$であるという。ただし，a，b，cは0以上3以下，d，e，fは0以上5以下の整数で，$ad \neq 0$である。

$abc_{(4)}=def_{(6)}$から

$$\boxed{アイ}a+\boxed{ウ}b+c=\boxed{エオ}d+\boxed{カ}e+f$$

が成り立ち，この式からc，fを消去すると

$$\boxed{キク}a+\boxed{ケ}b=\boxed{コサ}d+\boxed{シ}e$$

が成り立つ。よって

$$a=\boxed{ス},\quad b=\boxed{セ}$$

であり

$$d=\boxed{ソ},\quad e=\boxed{タ}$$

である。

したがって，題意を満たすNは$\boxed{チ}$個あり，このようなNを10進法で表したとき，最大のものは$\boxed{ツテ}$，最小のものは$\boxed{トナ}$である。

★★56 【10分】

係数が4進法で表された2次方程式

$$20_{(4)}x^2-331_{(4)}x+203_{(4)}=0$$

の二つの解を a, $b(a>b)$ とする。

係数を10進法で表すと

$$\boxed{ア}x^2-\boxed{イウ}x+\boxed{エオ}=0$$

となるから，a, b は10進法で

$$a=\boxed{カ},\quad b=\frac{\boxed{キ}}{\boxed{ク}}$$

である。

a を5進法で表すと $a=\boxed{ケコ}_{(5)}$ となり，$a+b$ を2進法の小数で表すと

$a+b=\boxed{サシス}.\boxed{セソタ}_{(2)}$ となる。また，ab を4進法の小数で表すと

$ab=\boxed{チツ}.\boxed{テト}_{(4)}$ となる。

§8　図形の性質

★57 【10分】

ある日，一郎さんと良子さんのクラスでは，数学の授業で先生から次の**問題**が出題された。

> **問題**　△ABC において，AB:AC=2:3 とする。辺 AB，BC の中点をそれぞれ M，N とし，∠BAC の二等分線が線分 MN，辺 BC と交わる点をそれぞれ P，Q とする。このとき，$\dfrac{\mathrm{NQ}}{\mathrm{BQ}}$ と $\dfrac{\mathrm{PQ}}{\mathrm{AP}}$ の値を求めよ。

(1)　一郎さんは $\dfrac{\mathrm{NQ}}{\mathrm{BQ}}$ について考えている。

一郎さんの解法

辺 BC の長さを a とする。点 N は辺 BC の中点であるから

$$\mathrm{BN}=\boxed{\text{ア}}\,a$$

である。また，線分 AQ は∠BAC の二等分線であるから

$$\mathrm{BQ}=\boxed{\text{イ}}\,a$$

である。よって

$$\mathrm{NQ}=\boxed{\text{ウ}}\,a$$

となるので

$$\frac{\mathrm{NQ}}{\mathrm{BQ}}=\boxed{\text{エ}}$$

である。

$\boxed{\text{ア}}$ ～ $\boxed{\text{エ}}$ に当てはまるものを，次の ⓪～⑨ のうちから，それぞれ一つずつ選べ。ただし，同じものを繰り返し選んでもよい。

⓪ $\dfrac{1}{2}$　① $\dfrac{1}{3}$　② $\dfrac{2}{3}$　③ $\dfrac{1}{4}$　④ $\dfrac{3}{4}$

⑤ $\dfrac{1}{5}$　⑥ $\dfrac{2}{5}$　⑦ $\dfrac{1}{10}$　⑧ $\dfrac{3}{10}$　⑨ $\dfrac{7}{10}$

（次ページに続く。）

(2) 良子さんは$\dfrac{PQ}{AP}$について考えている。

良子さんの解法

点 M，N はそれぞれ辺 AB，BC の中点であるから，[オ]を用いると

$MN=$ [カ] AC

$MP=$ [キ] AB

である。よって

$\dfrac{PN}{PM}=$ [ク]

であるから

$\dfrac{PQ}{AP}=$ [ケ]

である。

(i) [オ]に当てはまるものを，次の ⓪～④ のうちから一つ選べ。

⓪ 円周角の定理　① 三垂線の定理　② 中点連結定理
③ 中線定理　④ 方べきの定理

(ii) [カ]～[ケ]に当てはまるものを，次の ⓪～⑨ のうちから，それぞれ一つずつ選べ。ただし，同じものを繰り返し選んでもよい。

⓪ $\dfrac{1}{2}$　① $\dfrac{1}{3}$　② $\dfrac{2}{3}$　③ $\dfrac{1}{4}$　④ $\dfrac{3}{4}$
⑤ $\dfrac{1}{5}$　⑥ $\dfrac{2}{5}$　⑦ $\dfrac{1}{10}$　⑧ $\dfrac{3}{10}$　⑨ $\dfrac{7}{10}$

(3) 四角形 BQPM の面積は，四角形 APNC の面積の$\dfrac{\text{[コ]}}{\text{[サ]}}$倍である。

★★58 【15分】

次の日，一郎さんと良子さんは，三角形と円に関する新しい定理を学習した。この日も，先生から次のような**課題**が出された。

> **課題**　△ABC において，辺 AB，AC 上にそれぞれ点 D，E をとり，直線 BC と直線 DE の交点を F とする。ただし，点 F は辺 BC の C 側の延長上にある。この三角形 ABC について，次の〔1〕，〔2〕，〔3〕の問いに答えよ。

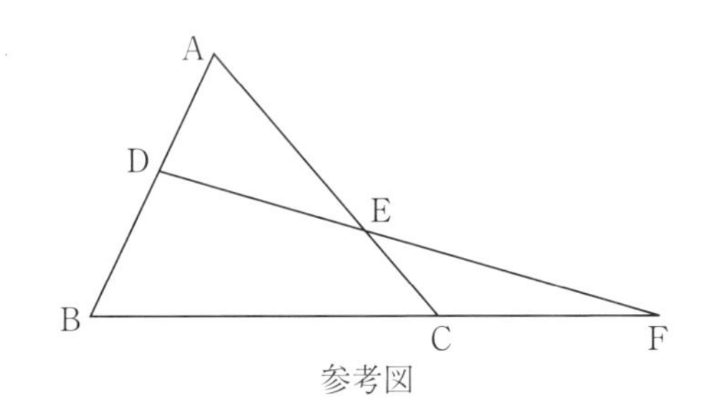

参考図

〔1〕　△ABC において，点 D は辺 AB を 3:4 に内分し，点 E は辺 AC を 4:1 に内分するものとする。このとき

$$\frac{CF}{BC} = \frac{\boxed{ア}}{\boxed{イウ}}$$

であり

$$\frac{EF}{DE} = \frac{\boxed{エ}}{\boxed{オカ}}$$

である。

(次ページに続く。)

〔2〕 直線BEと線分AFの交点をGとする。△ABCにおいて，点Dは辺ABを1:2に内分し，点Fは辺BCを7:2に外分するものとする。このとき

$$\frac{AG}{FG}=\frac{\boxed{キ}}{\boxed{ク}}$$

である。また，△ABCの面積をS，△AEFの面積をTとするとき，$\frac{T}{S}$の値を求めよ。

この問題について，一郎さんと良子さんは次のような会話をしている。

一郎：△AEFの面積をTとするから,他の三角形の面積をTで表すことにしよう。
良子：与えられた条件から，△ABEと△BEFの面積は

$$△ABE=\boxed{ケ}\,T,\quad △BEF=\boxed{コ}\,T$$

と表されるね。
一郎：そうか。このとき，△BCEの面積は

$$△BCE=\boxed{サ}\,T$$

となるから

$$\frac{T}{S}=\frac{\boxed{シス}}{\boxed{セソ}}$$

となるね。

(1) ケ ～ サ に当てはまるものを，次の⓪～⑨のうちから，それぞれ一つずつ選べ。ただし，同じものを繰り返し選んでもよい。

⓪ 2　① 3　② $\frac{3}{2}$　③ $\frac{5}{2}$　④ $\frac{7}{5}$
⑤ $\frac{9}{5}$　⑥ $\frac{13}{5}$　⑦ $\frac{10}{7}$　⑧ $\frac{13}{7}$　⑨ $\frac{19}{7}$

(2) シス ， セソ に当てはまる数を答えよ。

(次ページに続く。)

〔3〕 △ABC において

$$AD:AE=3:4,\quad BD:CE=2:1$$

とする。このとき

$$\frac{BF}{CF}=\frac{\boxed{タ}}{\boxed{チ}}$$

である。

さらに，4 点 B，C，E，D が同一円周上にあるとき，$\dfrac{AB}{AC}$ の値を求めよ。

この問題について，先生と一郎さん，良子さんが次のような会話をしている。

先生：今日の授業で学習したことを覚えていますか。
一郎：円に内接する四角形の性質ですか。
良子：それも習ったけど，ここでは $\boxed{ツ}$ を使うんだよ。
一郎：なるほど。
良子：AD$=3a$，CE$=b$ とおくと，a，b の間には

$$b=\frac{\boxed{テ}}{\boxed{ト}}a$$

という関係が成り立つよ。
一郎：このとき

$$\frac{AB}{AC}=\frac{\boxed{ナ}}{\boxed{ニ}}$$

となるね。

(1) $\boxed{ツ}$ に当てはまるものを，次の ⓪～④ のうちから一つ選べ。

⓪ 円周角の定理　① 接弦定理　② 方べきの定理
③ 三平方の定理　④ メネラウスの定理

(2) $\boxed{テ}$ ～ $\boxed{ニ}$ に当てはまる数を答えよ。

★★59 【12分】

円に内接する四角形ABCDにおいて，AB＝5，BC＝2，CD＝1，DA＝6とする。2直線BCとADとの交点をEとし，2直線ABとDCとの交点をFとする。

(1) EC＝x，ED＝yとおくと，三角形の相似から

$$\frac{x}{y+\boxed{\text{ア}}}=\frac{y}{x+\boxed{\text{イ}}}=\frac{1}{5}$$

が成り立つ。ゆえに，$x=\dfrac{\boxed{\text{ウ}}}{\boxed{\text{エ}}}$である。

同様にして，FC＝$\boxed{\text{オ}}$である。

(2) △FBCの外接円と直線EFとの交点でFと異なる点をGとする。

このとき，EG·EF＝$\dfrac{\boxed{\text{カキ}}}{\boxed{\text{ク}}}$である。

また，4点F，G，C，Bは同一円周上にあり，4点A，B，C，Dも同一円周上にあるから，∠FGC＝∠$\boxed{\text{ケ}}$＝∠EDCとなる。これより，4点E，D，C，Gは同一円周上にあることがわかる。

したがって，FG·FE＝$\boxed{\text{コ}}$である。よって，EF＝$\dfrac{\sqrt{\boxed{\text{サシ}}}}{\boxed{\text{ス}}}$である。

$\boxed{\text{ケ}}$には，当てはまるものを，次の⓪～⑨のうちから一つ選べ。

⓪ BAD　① BCD　② ABC　③ ADC　④ BFG
⑤ FBC　⑥ BCG　⑦ CGE　⑧ GCD　⑨ DEG

★★60 【12分】

中心Aの円Aと，中心Bの円Bが点Cで外接している。点Dは円Aの周上に，点Eは円Bの周上にあり，直線DEは二つの円の共通接線となっている。2直線DA，ECの交点をFとする。

(1) AD// ア から，△ イ Fと△ ウ Eは相似であり，AF= エ であるから，Fは円Aの周上にあり，∠FCD= オカ °となる。

ア ～ エ には，当てはまるものを，次の ⓪～⑥ のうちから一つずつ選べ。ただし，同じものを繰り返し選んでもよい。

⓪ AB　① AC　② BC　③ BE　④ CE　⑤ CF　⑥ EF

(2) 円Aの半径を2，円Bの半径を3とする。このとき

$$\mathrm{DE}=\boxed{キ}\sqrt{\boxed{ク}}$$

であり

$$\mathrm{CD}=\frac{\boxed{ケ}\sqrt{\boxed{コサ}}}{\boxed{シ}}$$

$$\mathrm{CF}=\frac{\boxed{ス}\sqrt{\boxed{セソ}}}{\boxed{タ}}$$

である。

★★61 【12 分】

長方形 ABCD において，AB=9 であり，かつ，△ABC の内接円の半径が 3 であるとする。このとき

BC= アイ ，　AC= ウエ

である。

△ABC の内接円の中心を P，△BCD の内接円の中心を Q とすると，PQ= オ であり，円 P と円 Q は カ 。 カ には，当てはまるものを，次の ⓪～③ のうちから一つ選べ。

⓪ 内接する　　① 異なる 2 点で交わる
② 外接する　　③ 共有点をもたない

また，CP= キ $\sqrt{\text{クケ}}$ であるから，円 P に外接し，辺 BC と線分 AC の両方に接する円の半径は

$$\frac{\text{コサ} - \text{シ}\sqrt{\text{スセ}}}{\text{ソ}}$$

である。

★★62 【12分】

△ABCの外接円をOとし，外接円Oの点Aを含まない弧BC上に点Gをとる。点Gから直線AB，BC，CAに垂線を引き，AB，BC，CAとの交点をそれぞれD，E，Fとする。∠A≦90°の場合に，3点D，E，Fの位置関係を調べよう。

(1)　∠Aは鋭角とする。4点G，E，B，Dは

∠GDB＝［ア］＝90°

であるから同一円周上にあり，したがって

∠BED＝［イ］　……①

同じようにして，4点G，C，F，Eも同一円周上にあるので

∠CEF＝［ウ］　……②

さらに，四辺形ABGCは円Oに内接するから

∠DBG＝［エ］

これと∠BDG＝∠GFC＝90°から

∠BGD＝［オ］　……③

①，②，③から∠BED＝［カ］が成り立つ。したがって，∠DEF＝180°となり，D，E，Fは一直線上にある。

［ア］～［カ］に当てはまるものを，次の⓪～⑧のうちから一つずつ選べ。ただし，同じものを繰り返し選んでもよい。

⓪　∠BGC　①　∠BGD　②　∠BCG　③　∠CEF　④　∠CGF
⑤　∠CBG　⑥　∠GCF　⑦　∠GEB　⑧　∠GFC

(2)　∠Aが直角の場合を考える。このとき，四角形ADGFは［キ］である。［キ］に当てはまる最も適当なものを，次の⓪～③のうちから一つ選べ。

⓪　正方形　①　長方形　②　ひし形　③　平行四辺形

Gが弧BC上を動くとき，線分DFの長さが最大になるのは線分AGが円Oの直径になるときであり，このとき点Eは線分BCを［ク］に内分する。［ク］に当てはまるものを，次の⓪～⑤のうちから一つ選べ。

⓪　AB:AC　①　AC:AB　②　$AB^2:AC^2$
③　$AC^2:AB^2$　④　$AB\cdot AC:BC^2$　⑤　$BC^2:AB\cdot AC$

★★63 【15分】

AB＝BO である二等辺三角形 OAB の内接円の中心(内心)を I とする。辺 OA の延長と点 C で，辺 OB の延長と点 D で接し，辺 AB と接する∠AOB 内の円の中心(傍心)を J とする。さらに，辺 OA の中点を M とする。

(1) 四角形 BMCJ が長方形であることを示そう。

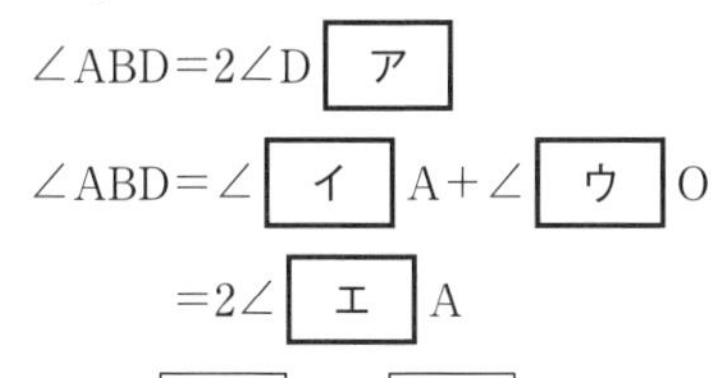

∠ABD＝2∠D［ア］

∠ABD＝∠［イ］A＋∠［ウ］O

＝2∠［エ］A

であるから，∠D［ア］＝∠［エ］A であり

OA∥［オ］ ……①

である。また，∠BMA＝［カキ］°，

∠JCO＝［クケ］° であるから，四角形 BMCJ は長方形である。

［ア］～［オ］には，当てはまるものを，次の ⓪～⑥ のうちから一つずつ選べ。ただし，同じものを繰り返し選んでもよい。

⓪ AO　① BO　② BA　③ AJ　④ BJ　⑤ CJ　⑥ DJ

(2) OA＝4，OB＝7 とする。

このとき，BM＝［コ］$\sqrt{［サ］}$ であり，3点 B，I，M は同一直線上にあるから，BI＝$\dfrac{［シ］\sqrt{［ス］}}{［セ］}$ である。

また，3点 O，I，J は同一直線上にあるから，①より∠BJI＝∠BOI となり，BJ＝［ソ］である。

さらに，∠IBJ＝［タチ］° であるから，IJ＝$\dfrac{［ツ］\sqrt{［テト］}}{［ナ］}$ である。

★★★64 【12分】

次の図の立体は，1辺の長さが2の立方体から各辺の中点を通る平面で8個のかどを切り取った多面体である。

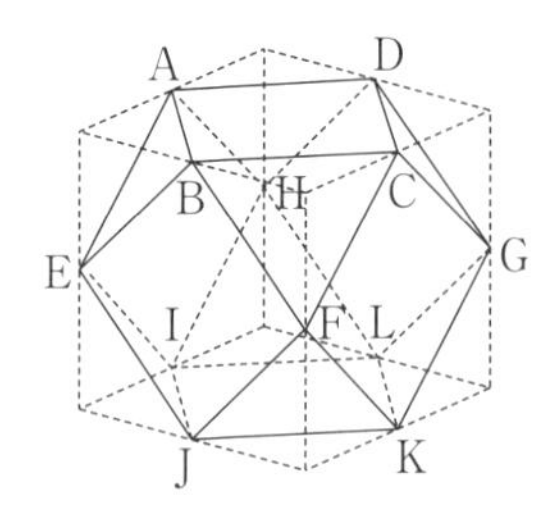

(1) 直線ABと直線CGのなす角は［アイ］°であり，直線ABと直線CFのなす角は［ウエ］°である。また，直線ABと平面CFKGのなす角は［オカ］°である。

(2) この多面体の頂点の数をv，辺の数をe，面の数をfとすると

$v=$［キク］，　$e=$［ケコ］，　$f=$［サシ］

であるから，$v-e+f=$［ス］である。

(3) この多面体の表面積は［セソ］$+$［タ］$\sqrt{［チ］}$，体積は$\dfrac{［ツテ］}{［ト］}$である。

また，線分AGの長さは$\sqrt{［ナ］}$であり，線分AKの長さは［ニ］$\sqrt{［ヌ］}$である。

— *MEMO* —

— *MEMO* —

① 20200926

駿台受験シリーズ

短期攻略

大学入学 共通テスト

数学I・A

実戦編

$y=ax^2$

y

O

榎 明夫・吉川浩之 共著

はじめに

本書は，**共通テスト数学Ⅰ・Aを完全攻略するための問題集**で，**単元別に64題**の問題を収録しました。

共通テストは大変重要な関門です。国公立大受験生にとっては共通テストで多少失敗しても二次試験で挽回することはまったく不可能というわけではありません。その場合，いわゆる「二次力」で勝負ということになります。しかし，特に難易度の高い大学で，二次試験で挽回できるほどの点をとるのは至極困難です。また，私立大学では，共通テストである程度点がとれれば合格を確保できるところも多くあります。時代は，**共通テストの成否が合否を決める**ようになってきているのです。

また，共通テストには，次のように通常の記述試験とは異なる特徴があります。

① **マークセンス方式で解答する**
② **解答する分量に対して試験時間がきわめて短い**
③ **誘導形式の設問が多い**
④ **教育課程を遵守している**

したがって，共通テストで正解するためには，共通テスト専用の「質と量」を兼ね備えたトレーニングが非常に重要です。本書に収録した問題は，**入試を熟知した駿台予備学校講師が共通テスト試行調査を徹底的に分析し作成した問題**ですので，非常に効率よく対策ができます。

なお，本書は問題集としての性格を際立たせていますので，「まずは参考書形式で始めてみたい」という皆さんには姉妹編の**『基礎編』**をお薦めします。詳しくは次の利用法を読んでみてください。

末尾となりますが，本書の発行にあたりましては駿台文庫の加藤達也氏，林拓実氏に大変お世話になりました。紙面をお借りして御礼申し上げます。

榎　明夫
吉川浩之

本書のねらいと特長・利用法

本書のねらい

1　１か月間で共通テスト数学Ⅰ・Ａを完全攻略

１日２題のペースなら，約１か月間で共通テスト数学Ⅰ・Ａを総仕上げできます。

2　問題を解くスピードを身につける

共通テストでは，問題を解く速さが特に重要です。本書では，各問題ごとに**目標解答時間を 10 分・12 分・15 分の３通りに設定**し表示しました。

3　数学の実力をつける

共通テストは，マーク形式とはいっても数学の問題です。実力がなければ問題を解くことはできません。そのために，**ていねいな解説をつけることによって，理解力・応用力がアップし，二次試験対策としても利用できます**。

特長・利用法

1　３段階の難易度表示／難易度順の問題

共通テストの目的の一つは基礎学力到達度を計ることであり，前身のセンター試験では平均点が６割となるよう作成されていました。本書は，**共通テストが目標とする正答率を６割として，これを基準にレベル設定**をしました。また，学習効果を考えて，各単元ごとにおおむねやや易しい問題からやや難しい問題の順に配列し，難易度は問題番号の左に★の個数で次のように表示しました。

★ ………… やや易しいレベル
★★ ……… 標準レベル
★★★ …… やや難しいレベル

2　自己採点ができる

各大問は 20 点満点とし，解答に配点を表示しました。

まずは，**★★の問題で確実に６割を得点できるよう頑張ってください。**

3　姉妹編として，参考書形式の『基礎編』を用意しました

「問題集をいきなりやるのはちょっと抵抗がある」皆さんに参考書形式の『基礎編』を姉妹編として用意しました。『基礎編』は，2STAGE＋総合演習問題で各単元の基礎力養成から共通テストレベルまでの学習ができるようになっています。『実戦編』と『基礎編』は同じ章立てになっていますから，問題を解く際に必要な考え方・公式・定理などは，『基礎編』を参考にするとよいでしょう。

目　次

別冊 問題編の目次

解　答

各大問は 20 点満点。

★印は問題の難易度を表します。

★………やや易
★★……標準
★★★…やや難

まずは，★★の問題で確実に６割（12 点）を得点できるよう頑張って下さい。

★1

解答記号（配点）		正　解	
アイ	(3)	−3	
ウ	(3)	2	
エオ	(4)	48	
カ，キ，クケ	(3)	3，5，12	
コ，サ，シ	(3)	3，3，4	
ス，セ，ソ，タ	(4)	①，④，⑤，⑥（解答の順序は問わない）	
計			点

★2

解答記号（配点）		正　解	
ア	(2)	8	
イ	(2)	3	
ウエオ	(2)	−19	
カ	(2)	3	
キ	(2)	1	
$\frac{\text{クケ}}{\text{コ}}$	(2)	$\frac{-1}{3}$	
サシ	(2)	−9	
$\frac{\text{ス}+\sqrt{\text{セ}}}{\text{ソ}}$	(2)	$\frac{1+\sqrt{5}}{2}$	
タ	(2)	1	
チ	(2)	3	
計			点

★3

解答記号（配点）		正　解	
$\text{ア}-\text{イ}\sqrt{\text{ウ}}$	(3)	$4-2\sqrt{3}$	
$\text{エ}+\text{オ}\sqrt{\text{カ}}$	(3)	$4+2\sqrt{3}$	
キ	(2)	8	
ク	(3)	4	
ケコ	(3)	14	
サシ	(3)	13	
$\frac{\text{スセソ}+\text{タ}\sqrt{\text{チ}}}{\text{ツ}}$	(3)	$\frac{-13+8\sqrt{3}}{3}$	
計			点

**4

解答記号（配点）		正　解	
$\frac{\boxed{ア}}{\boxed{イ}}$	(3)	$\frac{3}{2}$	
$\frac{\boxed{ウ}}{\boxed{エ}}$	(3)	$\frac{4}{5}$	
$\frac{\boxed{オ}+\sqrt{13}}{\boxed{カ}}$	(3)	$\frac{1+\sqrt{13}}{3}$	
$-\frac{\boxed{キ}+\sqrt{13}}{\boxed{ク}}$	(3)	$-\frac{1+\sqrt{13}}{6}$	
$\boxed{ケ}$	(4)	⑥	
$\boxed{コ}$, $\boxed{サ}$, $\boxed{シ}$	(2)	⓪, ②, ③ (解答の順序は問わない)	
$\boxed{ス}$	(2)	①	
計			点

**5

解答記号（配点）		正　解	
$\boxed{ア}a-\boxed{イ}$	(3)	$3a-5$	
$\frac{\boxed{ウ}}{\boxed{エ}}a+\boxed{オ}$	(3)	$\frac{1}{2}a+1$	
$\boxed{カ}$	(2)	2	
$\frac{\boxed{キク}}{\boxed{ケ}}$	(2)	$\frac{-7}{3}$	
$\frac{\boxed{コサ}}{\boxed{シ}}$	(2)	$\frac{10}{7}$	
$\boxed{ス}$	(3)	2	
$\frac{\boxed{セソ}}{\boxed{タ}}$	(3)	$\frac{14}{5}$	
$\boxed{チ}$	(2)	3	
計			点

**6

解答記号（配点）		正　解	
$\boxed{ア}$	(3)	3	
$\frac{\boxed{イウ}}{\boxed{エ}}$	(3)	$\frac{-1}{3}$	
$\boxed{オカ}$	(3)	-8	
$\boxed{キ}$	(3)	0	
$\boxed{ク}$	(4)	5	
$\boxed{ケコ}$	(4)	-4	
計			点

***7

解答記号（配点）		正　解	
$\boxed{ア}$, $\boxed{イ}$, $\boxed{ウ}$	(1)	1, 2, 3	
$-\boxed{エ}$	(1)	-1	
$\boxed{オカ}a+\boxed{キ}$	(2)	$-3a+2$	
$\frac{\boxed{ク}}{\boxed{ケ}}$	(1)	$\frac{3}{2}$	
$\boxed{コ}a+\boxed{サ}$	(2)	$-a+4$	
$\boxed{シ}a-\boxed{ス}$	(2)	$3a-2$	
$\frac{\boxed{セ}}{\boxed{ソ}}$	(1)	$\frac{3}{2}$	
$\frac{\boxed{タ}}{\boxed{チ}}$	(2)	$\frac{5}{2}$	
$\frac{\boxed{ツテ}}{\boxed{ト}}$	(2)	$\frac{-8}{3}$	
$\boxed{ナ}$	(2)	4	
$\boxed{ニ}$	(2)	6	
$\boxed{ヌ}$, $\boxed{ネ}$, $\boxed{ノ}$, $\boxed{ハ}$	(2)	4, ⓪, ①, 5	
計			点

***8

解答記号（配点）		正　解	
ア $a+$ イ	(1)	$4a+2$	
ウ $a-$ エ	(1)	$3a-9$	
オカ $a-$ キク	(2)	$10a-16$	
ケコ $a+$ サシ	(2)	$-2a+20$	
スセ	(2)	10	
$\pm\sqrt{\text{ソタ}}$	(2)	$\pm\sqrt{21}$	
$\sqrt{\text{チ}}-\sqrt{\text{ツ}}$	(2)	$\sqrt{6}-\sqrt{3}$	
$\frac{\text{テ}}{\text{ト}}$	(2)	$\frac{8}{5}$	
ナニ	(2)	10	
ヌ	(2)	3	
ネノ	(2)	10	
計			点

*9

解答記号（配点）		正　解	
ア	(1)	①	
イ	(1)	⑤	
ウ	(1)	⑤	
エ	(1)	⑥	
オ	(2)	④	
カ	(2)	4	
キク	(2)	90	
ケコ	(2)	99	
サシ	(2)	84	
ス	(2)	②	
セ	(2)	⓪	
ソ	(2)	①	
計			点

*10

解答記号（配点）		正　解	
ア	(4)	①	
イ	(4)	②	
ウ	(4)	②	
エ	(2)	④	
オ	(2)	③	
カ	(2)	⑦	
キ	(2)	⑤	
計			点

**11

解答記号（配点）		正　解	
アイ $<x<$ ウ	(3)	$-1<x<2$	
エ	(3)	0	
$p=$ オ，$q=$ カ	(3)	$p=1$，$q=3$	
キ	(3)	①	
クケコ	(4)	-12	
サ	(4)	3	
計			点

**12

解答記号（配点）		正　解	
ア, イ, ウ, エ	(4)	①, ⑤, ⑥, ⑧（解答の順序は問わない）	
オカ	(3)	27	
キ	(3)	1	
ク, ケ	(3)	③, ⑤（解答の順序は問わない）	
コ	(3)	①	
サ, シ	(4)	③, ⑤（解答の順序は問わない）	
計		点	

**13

解答記号（配点）		正　解	
ア	(2)	③	
イ	(2)	②	
ウ	(2)	⓪	
$\frac{エ}{オ}$, $\frac{カ}{キ}$	(8)	$\frac{6}{5}$, $\frac{7}{5}$	
ク	(2)	②	
ケ, コ	(4)	③, ⑤（解答の順序は問わない）	
計		点	

**14

解答記号（配点）		正　解	
ア	(2)	③	
イ	(3)	⑦	
ウ	(3)	⑥	
エ	(3)	③	
オ	(3)	②	
カ	(3)	③	
キ	(3)	①	
計		点	

***15

解答記号（配点）		正　解	
ア	(3)	⑥	
イ	(3)	⑦	
ウ	(3)	⑧	
エ	(3)	⑨	
オ	(4)	③	
カ	(4)	④	
計		点	

***16

解答記号（配点）		正　解	
ア	(2)	②	
イ	(4)	①	
ウ	(4)	②	
エ	(4)	⓪	
オ	(3)	⓪	
カ	(3)	④	
計		点	

★17

解答記号 (配点)		正 解	
$\dfrac{\boxed{\text{ア}}}{\boxed{\text{イ}}}$	(2)	$\dfrac{1}{2}$	
$\dfrac{\boxed{\text{ウ}}}{\boxed{\text{エ}}}$	(2)	$\dfrac{3}{4}$	
$\boxed{\text{オ}}$, $\boxed{\text{カ}}$	(3)	③, ⑤ (解答の順序は問わない)	
$\dfrac{\boxed{\text{キク}}}{\boxed{\text{ケ}}}$	(2)	$\dfrac{-2}{3}$	
$\boxed{\text{コ}}$	(2)	2	
$\boxed{\text{サ}}$	(2)	1	
$\boxed{\text{シ}}-\sqrt{\boxed{\text{ス}}}$	(2)	$1-\sqrt{3}$	
$\boxed{\text{セ}}$	(2)	2	
$\boxed{\text{ソ}}\,a+\boxed{\text{タ}}$	(3)	$-a+1$	
計			点

★18

解答記号 (配点)		正 解	
$\boxed{\text{アイ}}\,a-\boxed{\text{ウ}}$	(2)	$-2a-3$	
$\boxed{\text{エオ}}\,a^2-\boxed{\text{カ}}\,a-\boxed{\text{キ}}$	(3)	$-4a^2-9a-5$	
$a<\dfrac{\boxed{\text{クケ}}}{\boxed{\text{コ}}}$, $\boxed{\text{サシ}}<a$	(3)	$a<\dfrac{-5}{4}$, $-1<a$	
$a<\boxed{\text{スセ}}$, $\dfrac{\boxed{\text{ソ}}}{\boxed{\text{タ}}}<a$	(3)	$a<-3$, $\dfrac{3}{4}<a$	
$\boxed{\text{チツ}}$, $\dfrac{\boxed{\text{テト}}}{\boxed{\text{ナ}}}$	(3)	-2, $\dfrac{-1}{4}$	
$\boxed{\text{ニ}}$	(3)	3	
$\boxed{\text{ヌ}}\,x^2-\boxed{\text{ネノ}}\,x$	(3)	$-x^2-14x$	
計			点

★19

解答記号 (配点)		正 解	
$\boxed{\text{アイ}}\,a+\boxed{\text{ウ}}$	(2)	$-6a+4$	
$\boxed{\text{エ}}\,a-\boxed{\text{オ}}$	(2)	$5a-7$	
$\boxed{\text{カ}}-\dfrac{\boxed{\text{キ}}}{a}$	(3)	$3-\dfrac{2}{a}$	
$\boxed{\text{クケ}}\,a+\boxed{\text{コ}}-\dfrac{\boxed{\text{サ}}}{a}$	(3)	$-4a+5-\dfrac{4}{a}$	
$-\dfrac{\boxed{\text{シ}}}{\boxed{\text{ス}}\,a}+\boxed{\text{セ}}$	(5)	$-\dfrac{5}{4a}+1$	
$\dfrac{\boxed{\text{ソ}}}{\boxed{\text{タ}}}$	(3)	$\dfrac{5}{8}$	
$\dfrac{\sqrt{\boxed{\text{チツ}}}}{\boxed{\text{テ}}}$	(2)	$\dfrac{\sqrt{39}}{2}$	
計			点

★★20

解答記号 (配点)		正 解	
$\boxed{\text{ア}}$	(3)	⑥	
$\boxed{\text{イ}}$	(3)	①	
$\boxed{\text{ウ}}$	(4)	①	
$\boxed{\text{エ}}$	(5)	⑦	
$\boxed{\text{オ}}$	(5)	⓪	
計			点

**21

解答記号　（配点）		正　解	
$a-$ ア	(2)	$a-1$	
イ a^2+ ウ	(3)	$-a^2+8$	
エ	(2)	4	
(オカ ，キ)	(3)	$(-1,\ 8)$	
ク $a-$ ケ	(2)	$2a-1$	
コ $\sqrt{\text{サ}}$	(3)	$2\sqrt{2}$	
$\dfrac{\text{シス}}{\text{セ}}$	(5)	$\dfrac{17}{6}$	
計			点

**22

解答記号　（配点）		正　解	
$a+$ ア	(2)	$a+6$	
イ a^2- ウ $a+$ エ	(2)	$-a^2-2a+8$	
オカ	(2)	-6	
キク $a+$ ケコ	(2)	$10a+44$	
サ	(2)	0	
シ a^2- ス $a+$ セ	(2)	$-a^2-2a+8$	
ソタ $a+$ チ	(2)	$-2a+8$	
ツテ	(2)	-1	
ト	(2)	9	
ナニ $<a<$ ヌ	(2)	$-4<a<4$	
計			点

**23

解答記号　（配点）		正　解	
ア	(2)	⑤	
イ	(2)	⑧	
ウ	(2)	②	
エ	(2)	⑥	
オ	(2)	⑦	
$\dfrac{1}{\text{カキク}}$	(2)	$\dfrac{1}{160}$	
$\dfrac{\text{ケ}}{\text{コサ}}$	(2)	$\dfrac{3}{10}$	
シス	(2)	64	
セ	(4)	①	
計			点

***24

解答記号　（配点）		正　解	
ア a^2+ イ a $-$ ウ	(2)	$6a^2+2a-2$	
エオ	(2)	-1	
$\dfrac{\text{カ}}{\text{キ}}$	(2)	$\dfrac{1}{2}$	
$\dfrac{\sqrt{\text{クケ}}-\text{コ}}{\text{サ}}$	(3)	$\dfrac{\sqrt{13}-1}{6}$	
$\dfrac{\text{シ}}{\text{ス}}$	(2)	$\dfrac{1}{2}$	
$\pm\dfrac{\text{セ}\sqrt{\text{ソ}}}{\text{タ}}$	(3)	$\pm\dfrac{3\sqrt{2}}{4}$	
チツ	(3)	-1	
テ	(3)	0	
計			点

*25

解答記号 （配点）		正　解	
$\sqrt{\boxed{\text{ア}}}$	(2)	$\sqrt{3}$	
$\dfrac{\boxed{\text{イ}}\sqrt{\boxed{\text{ウ}}}-\sqrt{\boxed{\text{エ}}}}{\boxed{\text{オ}}}$	(3)	$\dfrac{2\sqrt{3}-\sqrt{6}}{6}$	
$\dfrac{\sqrt{\boxed{\text{カ}}}}{\boxed{\text{キ}}}$	(2)	$\dfrac{\sqrt{6}}{3}$	
$\dfrac{\boxed{\text{ク}}}{\boxed{\text{ケ}}}$	(3)	$\dfrac{3}{2}$	
$\boxed{\text{コ}}$, $\boxed{\text{サ}}$	(3)	1, 3	
$\boxed{\text{シ}}\sqrt{\boxed{\text{ス}}}+\boxed{\text{セ}}$	(3)	$2\sqrt{2}+1$	
$\boxed{\text{ソ}}$, $\boxed{\text{タ}}\sqrt{\boxed{\text{チ}}}$, $\sqrt{\boxed{\text{ツ}}}$, $\boxed{\text{テ}}$, $\boxed{\text{ト}}$	(4)	2, $2\sqrt{6}$, $\sqrt{3}$, 3, ⓪	
計			点

*26

解答記号 （配点）		正　解	
$\dfrac{\boxed{\text{アイ}}\sqrt{\boxed{\text{ウ}}}}{\boxed{\text{エ}}}$	(2)	$\dfrac{-2\sqrt{7}}{7}$	
$\boxed{\text{オ}}\sqrt{\boxed{\text{カ}}}$	(3)	$2\sqrt{3}$	
$\sqrt{\boxed{\text{キ}}}$	(3)	$\sqrt{7}$	
$\boxed{\text{クケ}}^\circ$	(3)	30°	
$\dfrac{\boxed{\text{コ}}\sqrt{\boxed{\text{サ}}}}{\boxed{\text{シ}}}$	(3)	$\dfrac{3\sqrt{3}}{2}$	
$\dfrac{\boxed{\text{ス}}}{\boxed{\text{セ}}}$	(3)	$\dfrac{9}{2}$	
$\boxed{\text{ソ}}$	(3)	②	
計			点

**27

解答記号 （配点）		正　解	
$\boxed{\text{ア}}\sqrt{\boxed{\text{イ}}}$	(2)	$2\sqrt{3}$	
$\dfrac{\boxed{\text{ウ}}\sqrt{\boxed{\text{エ}}}+\boxed{\text{オ}}}{\boxed{\text{カ}}}$	(3)	$\dfrac{3\sqrt{5}+3}{2}$	
$\boxed{\text{キクケ}}^\circ$	(2)	120°	
$\boxed{\text{コ}}$	(2)	4	
$\boxed{\text{サ}}\sqrt{\boxed{\text{シ}}}$	(3)	$9\sqrt{3}$	
$\boxed{\text{ス}}$	(2)	2	
$\boxed{\text{セ}}\sqrt{\boxed{\text{ソ}}}$	(3)	$6\sqrt{3}$	
$\boxed{\text{タ}}$	(3)	6	
計			点

**28

解答記号 （配点）		正　解	
$\dfrac{\boxed{\text{ア}}\sqrt{\boxed{\text{イ}}}}{\boxed{\text{ウエ}}}$	(3)	$\dfrac{3\sqrt{5}}{10}$	
$\dfrac{\sqrt{\boxed{\text{オカ}}}}{\boxed{\text{キク}}}$	(2)	$\dfrac{\sqrt{55}}{10}$	
$\dfrac{\boxed{\text{ケ}}\sqrt{\boxed{\text{コサ}}}}{\boxed{\text{シス}}}$	(3)	$\dfrac{3\sqrt{55}}{11}$	
$\dfrac{\sqrt{\boxed{\text{セソ}}}}{\boxed{\text{タ}}}$	(3)	$\dfrac{\sqrt{11}}{6}$	
$\dfrac{\boxed{\text{チツ}}}{\boxed{\text{テ}}}$	(2)	$\dfrac{-5}{6}$	
$\dfrac{\sqrt{\boxed{\text{トナニ}}}}{\boxed{\text{ヌネ}}}$	(3)	$\dfrac{\sqrt{165}}{11}$	
$\dfrac{\boxed{\text{ノハ}}\sqrt{\boxed{\text{ヒフ}}}}{\boxed{\text{ヘホ}}}$	(4)	$\dfrac{49\sqrt{11}}{44}$	
計			点

**29

解答記号　(配点)		正　解	
ア$\sqrt{}$イ	(3)	$2\sqrt{3}$	
$\frac{ウ\sqrt{エ}}{オ}$	(3)	$\frac{2\sqrt{3}}{3}$	
$\frac{\sqrt{カ}}{キ}$	(3)	$\frac{\sqrt{6}}{3}$	
$\frac{ク\sqrt{ケ}}{コ}$	(3)	$\frac{3\sqrt{2}}{2}$	
$\frac{サ\sqrt{シス}}{セ}$	(3)	$\frac{2\sqrt{51}}{3}$	
ソ$\sqrt{}$タ	(5)	$2\sqrt{2}$	
計			点

**30

解答記号　(配点)		正　解	
$\frac{\sqrt{ア}}{イ}$	(2)	$\frac{\sqrt{5}}{5}$	
$\frac{ウ}{エ}$	(2)	$\frac{4}{5}$	
オカ	(2)	11	
キク	(2)	22	
ケ$-\sqrt{}$コ	(3)	$4-\sqrt{5}$	
サ$\sqrt{}$シ$-$ス	(3)	$2\sqrt{5}-3$	
セ$\sqrt{}$ソ	(2)	$3\sqrt{5}$	
タチ	(2)	10	
$\frac{ツ}{テ}$	(2)	$\frac{6}{5}$	
計			点

***31

解答記号　(配点)		正　解	
$\frac{ア}{イ}$	(3)	$\frac{2}{3}$	
$\frac{\sqrt{ウ}}{エ}$	(2)	$\frac{\sqrt{5}}{3}$	
$\frac{オ\sqrt{カキ}}{クケ}$	(3)	$\frac{3\sqrt{30}}{10}$	
$\frac{コ\sqrt{サ}}{シ}$	(3)	$\frac{2\sqrt{5}}{5}$	
ス	(3)	1	
$\frac{セ\sqrt{ソ}}{タ}$	(3)	$\frac{2\sqrt{6}}{9}$	
$\frac{チ}{ツ}$	(3)	$\frac{4}{3}$	
計			点

★★★32

解答記号 （配点）	正　解	
$\boxed{ア}$ (2)	3	
$\dfrac{\boxed{イ}\sqrt{\boxed{ウ}}}{\boxed{エ}}$ (2)	$\dfrac{3\sqrt{3}}{2}$	
$\dfrac{\boxed{オ}}{\boxed{カ}}$ (2)	$\dfrac{6}{5}$	
$\dfrac{\boxed{キ}\sqrt{\boxed{クケ}}}{\boxed{コ}}$ (2)	$\dfrac{2\sqrt{19}}{5}$	
$\sqrt{\boxed{サ}}$ (1)	$\sqrt{3}$	
$\sqrt{\boxed{シ}}$ (2)	$\sqrt{7}$	
$\boxed{ス}$ (1)	①	
$\dfrac{\boxed{セ}}{\boxed{ソタ}}$ (3)	$\dfrac{9}{10}$	
$\sqrt{\boxed{チツ}}$ (1)	$\sqrt{10}$	
$\dfrac{\boxed{テ}\sqrt{\boxed{トナ}}}{\boxed{ニ}}$ (2)	$\dfrac{3\sqrt{15}}{4}$	
$\dfrac{\boxed{ヌ}\sqrt{\boxed{ネノ}}}{\boxed{ハヒ}}$ (2)	$\dfrac{6\sqrt{15}}{25}$	
計		点

★33

解答記号 （配点）	正　解	
$\boxed{ア}$ (3)	②	
0. $\boxed{イウ}$ (2)	0.10	
0. $\boxed{エオ}$ (2)	0.20	
$\boxed{カ}$ (3)	②	
$\boxed{キ}$ (3)	④	
$\boxed{ク}$, $\boxed{ケ}$, $\boxed{コ}$ (4)	①, ④, ⑤ (解答の順序は問わない)	
$\boxed{サ}$ (3)	⓪	
計		点

★34

解答記号 （配点）	正　解	
$\boxed{ア}$, $\boxed{イ}$ (2)	③, ⑤ (解答の順序は問わない)	
$\boxed{ウ}$, $\boxed{エ}$ (1)	⓪, ② (解答の順序は問わない)	
$\boxed{オ}$ (1)	①	
$\boxed{カ}$ (3)	①	
$\boxed{キ}$ (3)	②	
$\boxed{ク}$, $\boxed{ケ}$ (3)	⓪, ② (解答の順序は問わない)	
$\boxed{コ}$ (3)	①	
$\boxed{サシ}$ (2)	37	
$\boxed{スセ}$ (2)	21	
計		点

★★35

解答記号 （配点）	正　解	
$\boxed{ア}.\boxed{イ}$ (2)	2.0	
$\boxed{ウ}.\boxed{エ}$ (2)	2.5	
$\boxed{オカ}.\boxed{キ}$ (2)	−7.5	
$\boxed{クケ}.\boxed{コ}$ (2)	11.0	
$\boxed{サ}$ (1)	①	
$\boxed{シ}$ (1)	④	
$\boxed{ス}$ (1)	⑥	
$\boxed{セ}.\boxed{ソ}$ (3)	0.5	
$\boxed{タ}$ (1)	②	
$\boxed{チ}$ (1)	②	
$\boxed{ツ}$ (1)	①	
$\boxed{テ}$ (1)	①	
$\boxed{ト}$ (2)	③	
計		点

**36

解答記号　(配点)		正　解	
アイ.ウ	(2)	21.0	
エオ.カ	(2)	16.0	
キク.ケ	(2)	26.0	
コサ.シ	(1)	10.0	
ス	(2)	①	
セ.ソ	(2)	6.0	
タチ.ツ	(3)	16.0	
テ.ト	(1)	4.0	
ナ, ニヌ	(1)	1, 13	
ネノ	(2)	29	
ハヒ	(2)	24	
計		点	

**37

解答記号　(配点)		正　解	
ア, イ	(3)	③, ⑤ (解答の順序は問わない)	
ウ	(3)	⓪	
エ	(3)	⑤	
オ.カキ	(3)	0.86	
ク	(2)	⑤	
ケ	(2)	③	
コ	(2)	①	
サ	(2)	⑧	
計		点	

**38

解答記号　(配点)		正　解	
ア	(1)	②	
イ	(1)	③	
ウ	(1)	②	
エ	(1)	②	
オ	(1)	①	
カ	(1)	⓪	
キ	(1)	①	
ク	(1)	⓪	
ケ	(1)	③	
コサ.シ	(3)	60.7	
ス	(1)	②	
セソタチ.ツ	(2)	4240.0	
テトナニ.ヌ	(2)	4292.0	
ネノハ.ヒ	(3)	172.9	
計		点	

***39

解答記号　（配点）		正　解	
アイ.ウ	(2)	48.4	
エオ.カ	(1)	49.0	
キク.ケ	(1)	49.5	
コサシ	(2)	108	
スセ	(2)	55	
ソタ	(2)	53	
チ	(1)	②	
ツ	(1)	①	
テトナ	(2)	330	
ニ.ヌ	(2)	5.0	
ネノ	(1)	15	
ハヒ	(1)	18	
フ	(2)	②	
計			点

***40

解答記号　（配点）		正　解	
アイ	(1)	63	
ウエ.オ	(2)	60.0	
カキ.ク	(2)	69.0	
ケ.コ	(2)	4.5	
サ	(2)	7	
シス	(2)	58	
セソ.タ	(2)	58.0	
チ.ツテ	(3)	0.23	
ト	(1)	③	
ナ	(1)	⓪	
ニ	(1)	①	
ヌ	(1)	②	
計			点

*41

解答記号　（配点）		正　解	
$\frac{ア}{イ}$	(2)	$\frac{1}{2}$	
$\frac{ウ}{エ}$	(2)	$\frac{5}{6}$	
$\frac{オ}{カ}$	(2)	$\frac{3}{5}$	
キ	(2)	③	
ク	(2)	⑥	
ケ	(2)	⑦	
コ	(2)	②	
サ	(2)	③	
シ	(2)	①	
ス	(2)	①	
計			点

*42

解答記号　（配点）		正　解	
ア	(2)	⓪	
イ	(2)	⓪	
ウ	(2)	②	
エ	(2)	②	
オ	(2)	⓪	
$\frac{カ}{キク}$	(3)	$\frac{4}{27}$	
$\frac{ケコ}{サシ}$	(3)	$\frac{13}{27}$	
$\frac{ス}{セソ}$	(4)	$\frac{5}{27}$	
計			点

**43

解答記号 (配点)		正 解	
アイウ	(2)	220	
エ	(2)	4	
オカ	(2)	12	
キク/ケコ	(3)	$\frac{12}{55}$	
サ/シス	(3)	$\frac{3}{11}$	
セ/ソタ	(4)	$\frac{3}{13}$	
チ/ツテ	(4)	$\frac{1}{13}$	
計			点

**44

解答記号 (配点)		正 解	
ア	(2)	8	
イ	(2)	2	
ウ	(2)	7	
エ/オカ	(2)	$\frac{1}{42}$	
キ/クケ	(2)	$\frac{2}{21}$	
コ/サシ	(3)	$\frac{5}{21}$	
ス/セ	(3)	$\frac{4}{9}$	
ソ/タチ	(4)	$\frac{9}{14}$	
計			点

**45

解答記号 (配点)		正 解	
ア/イ	(2)	$\frac{3}{8}$	
ウエ/オカキ	(2)	$\frac{35}{128}$	
ク/ケコ	(3)	$\frac{9}{64}$	
サシ/スセ	(3)	$\frac{15}{64}$	
ソタ/チツテ	(3)	$\frac{63}{128}$	
ト/ナ	(3)	$\frac{3}{8}$	
ニヌ/ネノ	(4)	$\frac{18}{35}$	
計			点

**46

解答記号　(配点)		正　解	
$\frac{ア}{イウ}$	(2)	$\frac{1}{27}$	
$\frac{エ}{オカ}$	(2)	$\frac{2}{45}$	
$\frac{キ}{クケ}$	(2)	$\frac{1}{30}$	
$\frac{コサ}{シスセ}$	(5)	$\frac{37}{450}$	
$\frac{ソ}{タチ}$	(4)	$\frac{8}{15}$	
$\frac{ツテト}{ナニヌネ}$	(5)	$\frac{143}{1800}$	
計			点

***47

解答記号　(配点)		正　解	
ア	(1)	8	
イウ	(2)	25	
$\frac{エ}{オカ}$	(1)	$\frac{1}{14}$	
$\frac{キ}{クケ}$	(2)	$\frac{9}{14}$	
$\frac{コ}{サ}$	(2)	$\frac{2}{7}$	
$\frac{シ}{ス}$	(1)	$\frac{2}{7}$	
$\frac{セ}{ソ}$	(3)	$\frac{3}{4}$	
$\frac{タ}{チ}$	(1)	$\frac{1}{2}$	
$\frac{ツテ}{トナ}$	(2)	$\frac{11}{14}$	
$\frac{ニ}{ヌネ}$	(1)	$\frac{3}{14}$	
$\frac{ノ}{ハ}$	(2)	$\frac{2}{7}$	
$\frac{ヒ}{フ}$	(2)	$\frac{1}{4}$	
計			点

***48

解答記号　(配点)		正　解	
$\frac{\text{ア}}{\text{イ}}$	(3)	$\frac{1}{6}$	
$\frac{\text{ウ}}{\text{エ}}$	(3)	$\frac{2}{9}$	
$\frac{\text{オ}}{\text{カキ}}$	(3)	$\frac{1}{18}$	
$\frac{\text{クケ}}{\text{コサ}}$	(3)	$\frac{13}{54}$	
$\frac{\text{シス}}{\text{セソタ}}$	(5)	$\frac{91}{324}$	
$\frac{\text{チ}}{\text{ツ}}$	(3)	$\frac{1}{7}$	
計			点

*49

解答記号　(配点)		正　解	
アイ	(2)	90	
ウエ	(2)	75	
オカ	(2)	48	
キク	(2)	18	
ケコ	(2)	18	
サ	(2)	4	
シ, ス, セ	(2)	4, 4, 2	
ソ	(1)	⑦	
タ	(1)	⑨	
チ, ツ	(2)	①, ④ (解答の順序は問わない)	
テ, ト	(2)	①, ③ (解答の順序は問わない)	
計			点

*50

解答記号　(配点)		正　解	
アイウ	(1)	225	
エ	(3)	6	
オカ	(1)	45	
キ	(2)	5	
クケ	(1)	70	
コ	(3)	7	
サシス	(3)	675	
セソタ	(3)	450	
チツテ	(3)	315	
計			点

**51

解答記号　(配点)		正　解	
ア, イ	(1)	⓪, ①	
ウ	(2)	④	
エ	(2)	8	
オ $x-y$	(2)	$2x-y$	
カ $x-$ キ y	(2)	$3x-2y$	
ク, ケ	(2)	2, 2	
コサ	(2)	-5	
シ	(3)	4	
ス, セ	(2)	1, 3	
ソタチ, ツテト	(2)	-13, -23	
計			点

**52

解答記号 (配点)		正　解	
[ア] x＋[イ]	(1)	$5x+3$	
[ウ] y＋[エ]	(1)	$7y+6$	
[オ]	(1)	3	
[カ], [キ]	(2)	2, 1	
[ク], [ケ]	(2)	7, 5	
[コサ]	(3)	13	
[シス]	(1)	35	
[セソ] w＋[タチ]	(1)	$19w+14$	
[ツ]	(1)	1	
[テト] l＋[ナ]	(2)	$19l+6$	
[ニヌ] l＋[ネノ]	(2)	$35l+11$	
[ハヒフ]	(3)	223	
計			点

***53

解答記号 (配点)		正　解	
[ア], [イ]	(2)	4, 9	
[ウ], −[エ]	(2)	7, −5	
[オ]	(2)	②	
[カ]	(2)	④	
[キク], [ケコ]	(2)	18, −1	
[サシ]	(2)	18	
[ス]	(2)	2	
[セソ], [タチ]	(2)	15, 13	
[ツテト]	(2)	195	
[ナ]	(2)	③	
計			点

***54

解答記号 (配点)		正　解	
[ア]	(1)	2	
[イ]	(1)	1	
[ウ]	(1)	①	
[エ]	(1)	1	
[オ]	(1)	④	
[カ]	(1)	1	
[キ]	(1)	①	
[ク], [ケ]	(4)	①, ④ (解答の順序は問わない)	
[コ], [サ]	(1)	4, 1	
[シ], [ス]	(4)	⑤, ⑥ (解答の順序は問わない)	
[セ], [ソ], [タ]	(4)	①, ④, ⑤ (解答の順序は問わない)	
計			点

**55

解答記号 (配点)		正　解	
[アイ] a＋[ウ] $b+c$	(2)	$16a+4b+c$	
[エオ] d＋[カ] $e+f$	(2)	$36d+6e+f$	
[キク] a＋[ケ] b	(1)	$15a+3b$	
[コサ] d＋[シ] e	(1)	$35d+5e$	
[ス]	(2)	3	
[セ]	(2)	0	
[ソ]	(2)	1	
[タ]	(2)	2	
[チ]	(2)	4	
[ツテ]	(2)	51	
[トナ]	(2)	48	
計			点

**56

解答記号	(配点)	正　解	
ア	(2)	8	
イウ	(2)	61	
エオ	(2)	35	
カ	(2)	7	
$\frac{キ}{ク}$	(2)	$\frac{5}{8}$	
ケコ	(3)	12	
サシス.セソタ	(3)	111.101	
チツ.テト	(4)	10.12	
計			点

*57

解答記号	(配点)	正　解	
ア	(2)	⓪	
イ	(2)	⑥	
ウ	(2)	⑦	
エ	(2)	③	
オ	(2)	②	
カ	(2)	⓪	
キ	(2)	⓪	
ク	(2)	⓪	
ケ	(2)	⑤	
$\frac{コ}{サ}$	(2)	$\frac{2}{5}$	
計			点

**58

解答記号	(配点)	正　解	
$\frac{ア}{イウ}$	(2)	$\frac{3}{13}$	
$\frac{エ}{オカ}$	(2)	$\frac{7}{13}$	
$\frac{キ}{ク}$	(2)	$\frac{5}{4}$	
ケ	(1)	③	
コ	(1)	⓪	
サ	(1)	⑦	
$\frac{シス}{セソ}$	(3)	$\frac{14}{55}$	
$\frac{タ}{チ}$	(2)	$\frac{8}{3}$	
ツ	(1)	②	
$\frac{テ}{ト}$	(2)	$\frac{7}{2}$	
$\frac{ナ}{ニ}$	(3)	$\frac{4}{3}$	
計			点

**59

解答記号 (配点)		正 解	
ア	(1)	6	
イ	(1)	2	
$\frac{ウ}{エ}$	(3)	$\frac{4}{3}$	
オ	(3)	2	
$\frac{カキ}{ク}$	(3)	$\frac{40}{9}$	
ケ	(2)	②	
コ	(3)	6	
$\frac{\sqrt{サシ}}{ス}$	(4)	$\frac{\sqrt{94}}{3}$	
計			点

**60

解答記号 (配点)		正 解	
ア	(1)	③	
イ	(2)	①	
ウ	(2)	②	
エ	(1)	①	
オカ°	(3)	90°	
キ$\sqrt{ク}$	(3)	$2\sqrt{6}$	
$\frac{ケ\sqrt{コサ}}{シ}$	(4)	$\frac{4\sqrt{15}}{5}$	
$\frac{ス\sqrt{セソ}}{タ}$	(4)	$\frac{4\sqrt{10}}{5}$	
計			点

**61

解答記号 (配点)		正 解	
アイ	(3)	12	
ウエ	(3)	15	
オ	(3)	6	
カ	(3)	②	
キ$\sqrt{クケ}$	(3)	$3\sqrt{10}$	
$\frac{コサ-シ\sqrt{スセ}}{ソ}$	(5)	$\frac{11-2\sqrt{10}}{3}$	
計			点

**62

解答記号 (配点)		正 解	
ア	(2)	⑦	
イ	(2)	①	
ウ	(2)	④	
エ	(2)	⑥	
オ	(2)	④	
カ	(2)	③	
キ	(4)	①	
ク	(4)	③	
計			点

**63

解答記号（配点）		正 解	
ア	(1)	④	
イ	(1)	①	
ウ	(1)	②	
エ	(1)	①	
オ	(1)	④	
カキ°	(1)	90°	
クケ°	(1)	90°	
コ$\sqrt{サ}$	(3)	$3\sqrt{5}$	
$\frac{シ\sqrt{ス}}{セ}$	(3)	$\frac{7\sqrt{5}}{3}$	
ソ	(2)	7	
タチ°	(1)	90°	
$\frac{ツ\sqrt{テト}}{ナ}$	(4)	$\frac{7\sqrt{14}}{3}$	
計			点

***64

解答記号（配点）		正 解	
アイ°	(2)	60°	
ウエ°	(2)	60°	
オカ°	(2)	45°	
キク	(1)	12	
ケコ	(1)	24	
サシ	(1)	14	
ス	(1)	2	
セソ＋タ$\sqrt{チ}$	(3)	$12+4\sqrt{3}$	
$\frac{ツテ}{ト}$	(3)	$\frac{20}{3}$	
$\sqrt{ナ}$	(2)	$\sqrt{6}$	
ニ$\sqrt{ヌ}$	(2)	$2\sqrt{2}$	
計			点

1

(1)　$AB=(3x^2-xy+2y^2)(6x^2+xy-3y^2)$

を展開したとき，x^3y の項は

$$(3x^2)(xy)+(-xy)(6x^2)=3x^3y-6x^3y=-3x^3y$$

であるから，係数は　**−3**

x^2y^2 の項は

$$(3x^2)(-3y^2)+(-xy)(xy)+(2y^2)(6x^2)$$
$$=-9x^2y^2-x^2y^2+12x^2y^2=2x^2y^2$$

であるから，係数は　**2**

$A^2-B^2=(A+B)(A-B)$ であり

$$A+B=(3x^2-xy+2y^2)+(6x^2+xy-3y^2)$$
$$=9x^2-y^2$$
$$A-B=(3x^2-xy+2y^2)-(6x^2+xy-3y^2)$$
$$=-3x^2-2xy+5y^2$$

であるから，$(A+B)(A-B)$ を展開したとき，x^2y^2 の項は

$$(9x^2)(5y^2)+(-y^2)(-3x^2)=45x^2y^2+3x^2y^2$$
$$=48x^2y^2$$

であるから，係数は　**48**

(2)　$2B-3A=2(6x^2+xy-3y^2)-3(3x^2-xy+2y^2)$

$$=\mathbf{3x^2+5xy-12y^2}=(x+3y)(3x-4y)$$

また

$$B^2-A^2=(B+A)(B-A)$$
$$=(9x^2-y^2)(3x^2+2xy-5y^2)$$
$$=(3x+y)(3x-y)(3x+5y)(x-y)$$

（④，⑤，⑥，①）

⬅ x^2 の項と xy の項の積。

⬅ x^2 の項と y^2 の項の積と xy の項と xy の項の積の和。

⬅因数分解して考える。

⬅(1)の A^2-B^2 を利用する。2 次式はさらに因数分解できる。

2

$$A=(x+2)(x-a)=x^2-(a-2)x-2a$$
$$B=3x+b$$

から

$$AB=3x^3-(3a-b-6)x^2-(ab+6a-2b)x-2ab$$

ゆえに

$$\begin{cases}-(3a-b-6)=-2\\-2ab=-6\end{cases}\quad\therefore\quad\begin{cases}3a-b=8 & \cdots\cdots①\\ab=3 & \cdots\cdots②\end{cases}$$

であり，x の係数は

$$-(ab+6a-2b)=-ab-2(3a-b)$$
$$=-3-2\cdot 8$$
$$=\mathbf{-19}$$

⬅ a，b の値を求めなくても x の係数は求められる。

①より $b=3a-8$，②に代入して

$$a(3a-8)=3$$
$$3a^2-8a-3=0$$
$$(a-3)(3a+1)=0$$
$$\therefore\quad a=3,\ -\frac{1}{3}$$

よって

$$a=3,\ b=1 \text{ または } a=-\frac{1}{3},\ b=-9$$

←$b=3a-8$

$a=3$ のとき，$A=-5$ より

$$(x+2)(x-3)=-5$$
$$x^2-x-1=0$$

ゆえに

$$c=\frac{1+\sqrt{5}}{2},\ \frac{1}{c}=\frac{2}{1+\sqrt{5}}=\frac{\sqrt{5}-1}{2}$$

であり

$$c-\frac{1}{c}=1$$
$$c^2+\frac{1}{c^2}=\left(c-\frac{1}{c}\right)^2+2\cdot c\cdot\frac{1}{c}=1^2+2=3$$

←c は $x^2-x-1=0$ の解であるから，$c^2-c-1=0$ を満たす。両辺を c で割ると $c-1-\frac{1}{c}=0$ から $c-\frac{1}{c}=1$

3

(1)
$$a=\frac{2}{2+\sqrt{3}}=\frac{2(2-\sqrt{3})}{(2+\sqrt{3})(2-\sqrt{3})}=\frac{2(2-\sqrt{3})}{4-3}$$
$$=2(2-\sqrt{3})=4-2\sqrt{3}$$

←分母の有理化。

同様にして

$$b=4+2\sqrt{3}$$

また

$$a+b=(4-2\sqrt{3})+(4+2\sqrt{3})=8$$
$$ab=(4-2\sqrt{3})(4+2\sqrt{3})=4$$

であり

$$\frac{b}{a}+\frac{a}{b}=\frac{a^2+b^2}{ab}=\frac{(a+b)^2-2ab}{ab}=\frac{8^2-2\cdot 4}{4}=14$$

←$a+b$，ab で表す。

(2)
$$2(b-a)=2\{(4+2\sqrt{3})-(4-2\sqrt{3})\}=8\sqrt{3}=\sqrt{192}$$

であり

$$13<2(b-a)<14$$

←$13^2=169$
$14^2=196$

よって，$2(b-a)$ の整数部分 m の値は **13**

また

$$\frac{1}{a}=\frac{2+\sqrt{3}}{2},\ b=4+2\sqrt{3}=2(2+\sqrt{3})$$

より

$$\frac{2b}{3a}=\frac{2}{3}\cdot\frac{2+\sqrt{3}}{2}\cdot 2(2+\sqrt{3})=\frac{2}{3}(2+\sqrt{3})^2$$

$$=\frac{2}{3}(7+4\sqrt{3})=\frac{14+2(b-a)}{3}$$

⬅$2(b-a)=8\sqrt{3}$

であるから

$$\frac{14+13}{3}<\frac{14+2(b-a)}{3}<\frac{14+14}{3}$$

⬅$\sqrt{3}=1.7\cdots\cdots$ を用いてもよい。

であり　$9<\dfrac{2b}{3a}<9+\dfrac{1}{3}$

よって，$\dfrac{2b}{3a}$ の整数部分は 9 であり，小数部分 d は

$$d=\frac{2b}{3a}-9=\frac{14+8\sqrt{3}}{3}-9=\mathbf{\frac{-13+8\sqrt{3}}{3}}$$

⬅実数 α の整数部分を n，小数部分を d $(0\leqq d<1)$ とすると　$d=\alpha-n$

4

$$10x^2-23x+12=(2x-3)(5x-4)=0$$

$$\therefore\quad a=\mathbf{\frac{3}{2}},\ b=\mathbf{\frac{4}{5}}$$

⬅$\begin{matrix}2 & \times & -3 & \to & -15\\ 5 & & -4 & \to & -8\end{matrix}$

$|(\sqrt{13}-1)x-1|=3$ から

$$(\sqrt{13}-1)x-1=\pm 3\qquad \therefore\ x=\frac{1\pm 3}{\sqrt{13}-1}$$

⬅$|x|=a$ $(a>0)$ の解は $x=\pm a$

よって

$$c=\frac{4}{\sqrt{13}-1}=\frac{4(\sqrt{13}+1)}{12}=\mathbf{\frac{1+\sqrt{13}}{3}}$$

$$d=\frac{-2}{\sqrt{13}-1}=-\frac{2(\sqrt{13}+1)}{12}=-\mathbf{\frac{1+\sqrt{13}}{6}}$$

(1)　$a>1>b$，$c>1>|d|$ であり

⬅$3<\sqrt{13}<4$

$$a-c=\frac{3}{2}-\frac{1+\sqrt{13}}{3}=\frac{7-2\sqrt{13}}{6}=\frac{\sqrt{49}-\sqrt{52}}{6}<0$$

⬅$c>a$

$$b-|d|=\frac{4}{5}-\frac{1+\sqrt{13}}{6}=\frac{19-5\sqrt{13}}{30}$$

⬅$|d|=-d$

$$=\frac{\sqrt{361}-\sqrt{325}}{30}>0$$

⬅$b>-d$

であることから

$|d|<b<a<c$　(⑥)

(2)　$a=1.5$，$\dfrac{1}{a}=0.66\cdots\cdots=0.\dot{6}$

$b=0.8$，$\dfrac{1}{b}=1.25$

c，$\dfrac{1}{c}$ は無理数であるから，循環しない無限小数である。

よって

有限小数は　a，b，$\dfrac{1}{b}$　（⓪，②，③）

循環小数は　$\dfrac{1}{a}$　（①）

5

$$2x^2-(7a-8)x+3a^2+a-10=0 \quad \cdots\cdots①$$

$$2x^2-(7a-8)x+(a+2)(3a-5)=0$$

$$\{x-(3a-5)\}\{2x-(a+2)\}=0$$

$$\therefore\quad x=\mathbf{3}a-\mathbf{5},\ \frac{\mathbf{1}}{\mathbf{2}}a+\mathbf{1}$$

←$\begin{matrix}1 & \times & 2 & \to & 6\\ 3 & & -5 & \to & -5\end{matrix}$

←$\begin{matrix}1 & \times & -(3a-5) & \to & -6a+10\\ 2 & & -(a+2) & \to & -a-2\end{matrix}$

①の 2 解の積が 2 になるとき

$$(3a-5)\left(\frac{1}{2}a+1\right)=2$$

$$3a^2+a-14=0$$

$$(a-2)(3a+7)=0 \qquad \therefore\quad a=\mathbf{2},\ -\frac{\mathbf{7}}{\mathbf{3}}$$

←$\begin{matrix}1 & \times & -2 & \to & -6\\ 3 & & 7 & \to & 7\end{matrix}$

①の 2 解の和が 1 より大きくなるとき

$$(3a-5)+\left(\frac{1}{2}a+1\right)>1$$

$$\frac{7}{2}a>5 \qquad \therefore\quad a>\frac{\mathbf{10}}{\mathbf{7}} \quad \cdots\cdots②$$

①の 2 解の差が 1 より大きくなるとき

$$\left|(3a-5)-\left(\frac{1}{2}a+1\right)\right|>1$$

$$\left|\frac{5}{2}a-6\right|>1$$

$$\frac{5}{2}a-6<-1,\ 1<\frac{5}{2}a-6$$

$$\therefore\quad a<\mathbf{2},\ \frac{\mathbf{14}}{\mathbf{5}}<a \quad \cdots\cdots③$$

←$|x|>a\ (a>0)$ の解は

$x<-a$，$a<x$

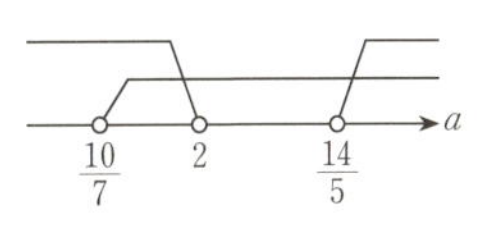

②，③をともに満たす a の値の範囲は

$$\frac{10}{7}<a<2,\ \frac{14}{5}<a$$

であるから，最小の整数 a は **3** である。

6

(1)　$|2x-1|-|x+1|=1$　……①

← $|x|=\begin{cases} x & (x\geqq 0) \\ -x & (x\leqq 0) \end{cases}$

・$x>\frac{1}{2}$ のとき，①より

$(2x-1)-(x+1)=1$

← $\begin{cases} 2x-1>0 \\ x+1>0 \end{cases}$

∴　$x=\mathbf{3}$ $\left(これは\ x>\frac{1}{2}\ を満たす\right)$

・$-1\leqq x\leqq\frac{1}{2}$ のとき，①より

$-(2x-1)-(x+1)=1$

← $\begin{cases} 2x-1\leqq 0 \\ x+1\geqq 0 \end{cases}$

∴　$x=-\mathbf{\frac{1}{3}}$ $\left(これは\ -1\leqq x\leqq\frac{1}{2}\ を満たす\right)$

・$x<-1$ のとき，①より

$-(2x-1)+(x+1)=1$

← $\begin{cases} 2x-1<0 \\ x+1<0 \end{cases}$

∴　$x=1$　これは $x<-1$ を満たさない。

(2)　$|x+a+1|\leqq 4$　……②

$a=3$ のとき，②に代入して

$|x+4|\leqq 4$ より　$-4\leqq x+4\leqq 4$　∴　$\mathbf{-8\leqq x\leqq 0}$

← $|x|\leqq a$ $(a>0)$ の解は $-a\leqq x\leqq a$

(3)　①の解は，(1)より $x=3,\ -\frac{1}{3}$ であるから

$x=3$ が②を満たすとき

$|a+4|\leqq 4$

∴　$-8\leqq a\leqq 0$　……③

←(2)より。

$x=-\frac{1}{3}$ が②を満たすとき

$\left|a+\frac{2}{3}\right|\leqq 4$ より　$-4\leqq a+\frac{2}{3}\leqq 4$

∴　$-\frac{14}{3}\leqq a\leqq\frac{10}{3}$　……④

③，④をともに満たす a の値の範囲は，$-\frac{14}{3}\leqq a\leqq 0$ であるから，整数 a は

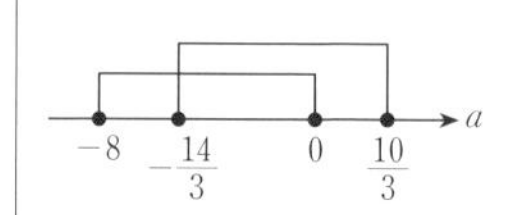

$-4,\ -3,\ -2,\ -1,\ 0$

の **5** 個ある。最小の a は $\mathbf{-4}$ である。

7

$P=x^2+(a-4)x-(2a^2-a-3)$

$=x^2+(a-4)x-(a+1)(2a-3)$

$=(x-a-\mathbf{1})(x+\mathbf{2}a-\mathbf{3})$

$\therefore\quad x_1=a+1,\ x_2=-2a+3$

$y=|x_1|+|x_2|=|a+1|+|2a-3|$

←たすきがけ。

$1 \times -(a+1) \to -a-1$
$1 \quad\ \ 2a-3 \to 2a-3$

← $a+1$，$2a-3$の符号で場合分け。

・$a \leqq -1$ のとき

$y=|x_1|+|x_2|=-(a+1)-(2a-3)=\mathbf{-3a+2}$

← $\begin{cases} a+1 \leqq 0 \\ 2a-3 \leqq 0 \end{cases}$

・$-1 \leqq a \leqq \dfrac{3}{2}$ のとき

$y=|x_1|+|x_2|=(a+1)-(2a-3)=\mathbf{-a+4}$

← $\begin{cases} a+1 \geqq 0 \\ 2a-3 \leqq 0 \end{cases}$

・$a \geqq \dfrac{3}{2}$ のとき

$y=|x_1|+|x_2|=(a+1)+(2a-3)=\mathbf{3a-2}$

← $\begin{cases} a+1 \geqq 0 \\ 2a-3 \geqq 0 \end{cases}$

(1)　$y=|x_1|+|x_2|$ のグラフは次のようになる。

←グラフを利用する。

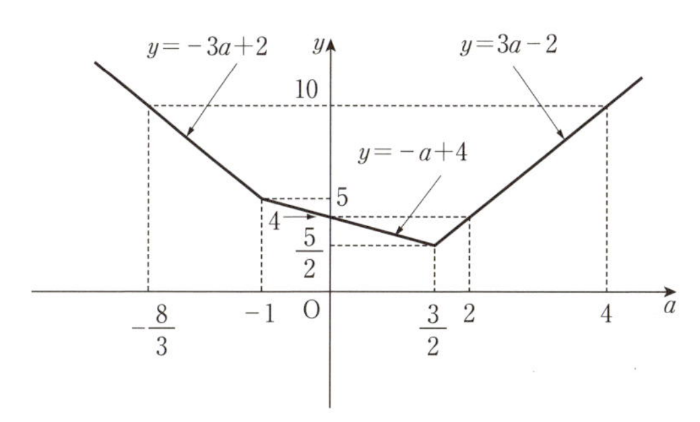

y は $a=\dfrac{3}{2}$ のとき最小値 $\dfrac{5}{2}$ をとる。

(2)　$-3a+2=10$ とすると

$a=-\dfrac{8}{3}$

$3a-2=10$ とすると

$a=4$

よって，$y<10$ を満たす a の値の範囲は，上のグラフより

$$-\frac{8}{3}<a<4$$

$y<10$ となるような整数 a は

$-2,\ -1,\ 0,\ 1,\ 2,\ 3$

の **6** 個。

(3)　$y<k$ を満たす整数 a が3個になるのは

$a=0,\ 1,\ 2$

のときであり，これらが $y<k$ を満たし，$a=-1$ が $y \geqq k$ を満た

← $a=1$　　のとき　$y=3$
$a=0,\ 2$ のとき　$y=4$
$a=-1$　 のとき　$y=5$

すことから，下図より

$4 < k \leqq 5$ （⓪，①）

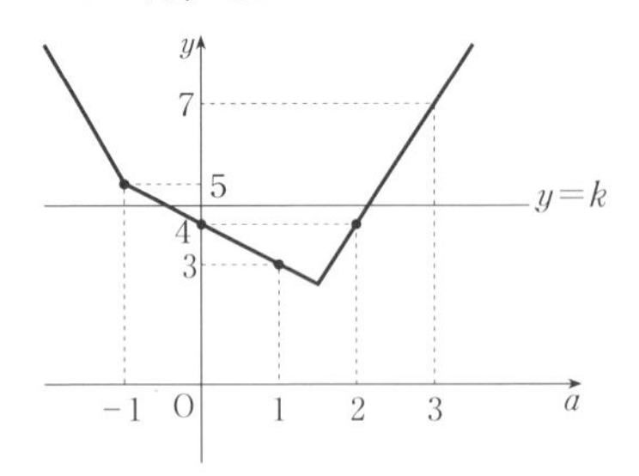

←$k=5$ のときも条件を満たす。

8

(1) $$x^2+xy+y^2=7a-7 \quad \cdots\cdots ①$$

$$x^2-xy+y^2=a+11 \quad \cdots\cdots ②$$

とおくと，$(①+②)\times\frac{1}{2}$ より

$$x^2+y^2=4a+2 \quad \cdots\cdots ③$$

$(①-②)\times\frac{1}{2}$ より

$$xy=3a-9 \quad \cdots\cdots ④$$

③+④×2 より

$$(x+y)^2=10a-16 \quad \cdots\cdots ⑤$$

③−④×2 より

$$(x-y)^2=-2a+20 \quad \cdots\cdots ⑥$$

(2) $x=y$ のとき，⑥より

$$-2a+20=0 \qquad \therefore \quad a=10$$

⑤より

$$(2x)^2=84$$

$$x^2=21$$

よって $x=y=\pm\sqrt{21}$

$a=4$ のとき，⑤，⑥より

$$(x+y)^2=24,\ (x-y)^2=12$$

$0<x<y$ のとき $x+y>0$，$x-y<0$ であるから

$$x+y=\sqrt{24}=2\sqrt{6},\ x-y=-\sqrt{12}=-2\sqrt{3}$$

よって $x=\sqrt{6}-\sqrt{3}$，$y=\sqrt{6}+\sqrt{3}$

(3) x，y がともに実数となるのは

$$(x+y)^2\geqq 0 \text{ かつ } (x-y)^2\geqq 0$$

のときであるから，⑤，⑥より

$$10a-16\geqq 0 \text{ かつ } -2a+20\geqq 0$$

←$(実数)^2$ はつねに 0 以上。

ゆえに　$\frac{8}{5} \leqq a \leqq 10$

$0<x \leqq y$ のとき，$x+y>0$，$x-y \leqq 0$ であるから，⑤，⑥より

$$x+y=\sqrt{10a-16},\ x-y=-\sqrt{-2a+20}$$

よって

$$x=\frac{1}{2}\left(\sqrt{10a-16}-\sqrt{-2a+20}\right)$$

$$y=\frac{1}{2}\left(\sqrt{10a-16}+\sqrt{-2a+20}\right)$$

$x>0$ より

$$10a-16>-2a+20 \qquad \therefore\ a>3$$

よって，a の値の範囲は

$$3<a \leqq 10$$

9

$A=\{4,\ 8,\ 12,\ 16,\ 20,\ \cdots\cdots,\ 92,\ 96\}$

$B=\{6,\ 12,\ 18,\ 24,\ 30,\ \cdots\cdots,\ 90,\ 96\}$

$C=\{24,\ 48,\ 72,\ 96\}$

(1) $A\cap B=\{x \mid x$ は 12 の倍数$\}$ であるから

(i) $A\cap B \ni 12$　(①)

(ii) $A \supset C$　(⑤)　← C は A の部分集合。

(iii) $A\cap B \supset C$　(⑤)　← C は $A\cap B$ の部分集合。

(iv) $A\cap C=C$　(⑥)

(2) (1)の(iii)より　④

(3) $A\cup B$ の要素のうち，最大の自然数は　**4**　← (4 の倍数)または(6 の倍数)

$\overline{A}\cap B$ の要素のうち，最大の自然数は　**90**　← (4 の倍数でない)かつ(6 の倍数)

$\overline{A}\cup(B\cap C)$ の要素のうち，最大の自然数は　**99**　← (4 の倍数でない)または(24 の倍数)

$A\cap B\cap\overline{C}$ の要素のうち，最大の自然数は　**84**　← (12 の倍数)かつ(24 の倍数でない)

(4) (2)のベン図から集合の包含関係を考える。

・$C\subset A\cap B$ であるから，$x\in C$ は $x\in A\cap B$ であるための十分条件であるが，必要条件ではない(②)。　← $C \fallingdotseq A\cap B$

・$A\cap C=B\cap C=C$ であるから，$x\in A\cap C$ は $x\in B\cap C$ であるための必要十分条件である(⓪)。　← $A\supset C$，$B\supset C$

・$B\cup C=B\supset C$ であるから，$x\in B\cup C$ は $x\in C$ であるための必要条件であるが，十分条件ではない(①)。　← $C \fallingdotseq B\cup C$

10

(1) (ア) 「n が 9 で割り切れる」$\Longrightarrow$「n は 18 で割り切れる」は偽。　← 反例 $n=9$，27 など。

「n が 18 で割り切れる」$\Longrightarrow$「n は 9 で割り切れる」は真。

よって　①

(イ)　「n が 15 で割り切れる」$\Longrightarrow$「n は 5 で割り切れる」は真。
「n が 5 で割り切れる」$\Longrightarrow$「n は 15 で割り切れる」は偽。

←反例 $n=5$，10 など。

よって　②

(ウ)　9 と 15 はいずれも 3 の倍数であるから
「n が $A\cup B$ に属する」$\Longrightarrow$「n は 3 で割り切れる」は真。
「n が 3 で割り切れる」$\Longrightarrow$「n は $A\cup B$ に属する」は偽。

←反例 $n=6$，12 など。

よって　②

(2)　(エ)　9 と 15 のいずれでも割り切れる自然数は，A と B の両方に属する自然数であるから　$C=A\cap B$　(④)

(オ)　9 でも 15 でも割り切れない自然数は，A と B のいずれにも属さない自然数であるから　$D=\overline{A}\cap\overline{B}=\overline{A\cup B}$　(③)

←ド・モルガンの法則。

(カ)　45 で割り切れる自然数は，A と B の両方に属する自然数であるから　$\overline{E}=A\cap B$　つまり　$E=\overline{A\cap B}$　(⑦)

(キ)　9 で割り切れるが，5 で割り切れない自然数は，9 で割り切れる自然数から，45 で割り切れる自然数を除いたものであるから　$F=A\cap\overline{B}$　(⑤)

←

11

(1)　$A=\{x\,|\,x\leqq -1$ または $2\leqq x\}$

←$(x+1)(x-2)\geqq 0$

であるから

$\overline{A}=\{x\,|\,\mathbf{-1}<x<\mathbf{2}\}$

(2)　B が全体集合となる条件は　$q\leqq\mathbf{0}$

(3)　$q>0$ のとき

$|2x-p|\geqq q$

←$2x-p\leqq -q$，
$q\leqq 2x-p$

$\Longleftrightarrow$　$x\leqq\dfrac{p-q}{2}$，$\dfrac{p+q}{2}\leqq x$

であるから，$A=B$ となるのは

$$\begin{cases}\dfrac{p-q}{2}=-1\\[2mm]\dfrac{p+q}{2}=2\end{cases}$$

よって

$p=\mathbf{1}$，$q=\mathbf{3}$

$p=1$ のとき，$A\supset B$，$A\neq B$ となるのは

←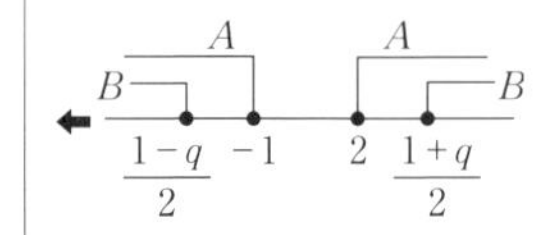

$$\begin{cases}\dfrac{1-q}{2}\leqq -1\\[2mm]\dfrac{1+q}{2}>2\end{cases}\quad\text{または}\quad\begin{cases}\dfrac{1-q}{2}<-1\\[2mm]\dfrac{1+q}{2}\geqq 2\end{cases}$$

よって　$q>3$　(①)

(4)　　$f(x)=x^2+4x+r=(x+2)^2+r-4$

とおくと，$y=f(x)$ のグラフは下に凸の放物線であり，軸は直線 $x=-2$ である。$\overline{A}\cap C$ が空集合となるのは，$-1<x<2$ において $f(x)<0$ となるときであり

$f(2)=r+12\leqq 0$

から　$r\leqq -12$

また，$A\cup C$ が全体集合になるのは，$-1<x<2$ において $f(x)\geqq 0$ となるときであり

$f(-1)=r-3\geqq 0$

から　$r\geqq 3$

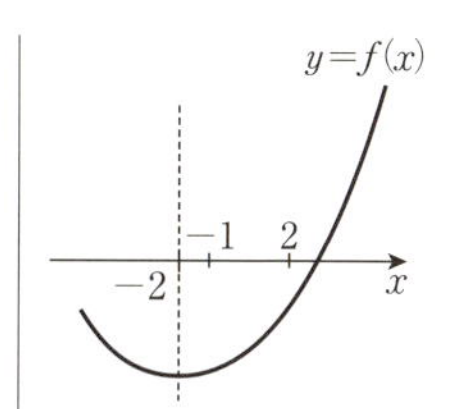

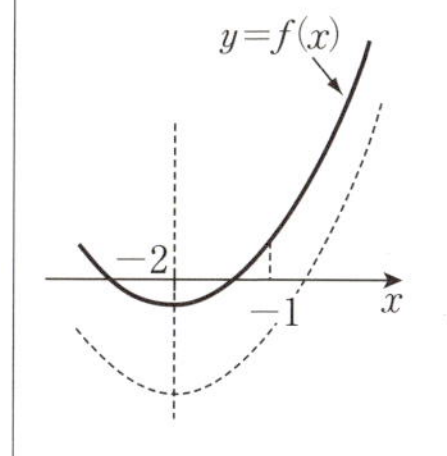

12

(1)　　$\sqrt{169}=13$，$0.111\cdots\cdots=\frac{1}{9}$，$-\frac{\sqrt{12}}{\sqrt{3}}=-2$，$\frac{\sqrt{3}}{\sqrt{12}}=\frac{1}{2}$

←R を実数の集合とする。

より，⓪～⑨ のうち Q の要素は

3，$-\frac{2}{5}$，$\sqrt{169}$，0.25，$0.111\cdots\cdots$，$-\frac{\sqrt{12}}{\sqrt{3}}$，$\frac{\sqrt{3}}{\sqrt{12}}$

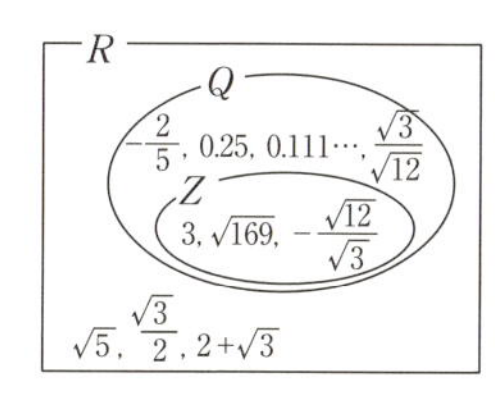

このうち Z の要素は

3，$\sqrt{169}$，$-\frac{\sqrt{12}}{\sqrt{3}}$

よって $Q\cap\overline{Z}$ の要素は

$-\frac{2}{5}$，0.25，$0.111\cdots\cdots$，$\frac{\sqrt{3}}{\sqrt{12}}$　（①，⑤，⑥，⑧）

←有理数であるが整数でないもの。

$\sqrt{\frac{48}{k}}=4\sqrt{\frac{3}{k}}$ が整数でない有理数となるのは，n を 3 または 5 以上の自然数として $k=3n^2$ と表されるときである。よって，最小の k は，$n=3$ として

$k=\mathbf{27}$

←$\sqrt{\frac{48}{27}}=\sqrt{\frac{16}{9}}=\frac{4}{3}$

(2)　$r+s$，rs はいずれも有理数である。

$\alpha=\sqrt{2}$，$\beta=-\sqrt{2}$ のとき，$\alpha+\beta$，$\alpha\beta$ はともに有理数である。

$r+\alpha$ は常に無理数である。

$r=0$ のとき，$r\alpha$ は 0 となり有理数である。

$\alpha=\sqrt{2}$ のとき，$\alpha^2=2$ は有理数である。

よって，常に無理数であるのは $r+\alpha$ の 1 個である。

(3)　互いに素とは最大公約数が 1 であるということであるから，同じ意味となるのは「正の公約数が 1 個」と「最大公約数が 1」（③，⑤）

(4)　(b)の対偶は「p が奇数であれば，p^2 は奇数である」（①）

(5)　$(a+b\sqrt{2})^2=a^2+2b^2+2ab\sqrt{2}$ が有理数であるための条件は

$ab=0$，すなわち $a=0$ または $b=0$　（③，⑤）

13

(1)　$b\neq 0$（③）と仮定する。このとき，$x=-\dfrac{a}{b}$ となり，a，b は有理数であるから，$-\dfrac{a}{b}$ は有理数であるが，x は無理数であり，矛盾する。

よって，$b=0$（②）であり，このとき，$a=0$（⓪）である。

$$(2\sqrt{2}-3)p+(4-\sqrt{2})q=2+\sqrt{2}$$

より

$$(-3p+4q-2)+(2p-q-1)\sqrt{2}=0$$

⬅$\sqrt{2}$（無理数）でくくる。

$-3p+4q-2$，$2p-q-1$ は有理数であるから

$$\begin{cases}-3p+4q-2=0\\2p-q-1=0\end{cases}$$

これを解いて

$$p=\frac{\mathbf{6}}{\mathbf{5}},\ q=\frac{\mathbf{7}}{\mathbf{5}}$$

(2)　真となる命題は

「xy が無理数である」

$\Longrightarrow$「x，y の少なくとも一方は無理数である」（②）

この命題の逆は

「x，y の少なくとも一方が無理数」

$\Longrightarrow$「xy は無理数である」

反例は，x，y の少なくとも一方が無理数であって xy は有理数であるものであるから　③，⑤

14

(1)　p の否定 $\overline{p}$ は「$|a|>3$ または $|b|>4$」（③）

⬅「かつ」の否定は「または」

(2)　「$q \Longrightarrow r$」の対偶は「$\overline{r} \Longrightarrow \overline{q}$」つまり

$a^2+b^2>25$　（⑦）$\Longrightarrow$ $|a|+|b|>7$　（⑥）

(3)　「$q \Longrightarrow r$」の反例になっているのは，q を満たすが r を満たさないものであるから　$a=2$，$b=5$　（③）

(4)　・「$p \Longrightarrow q$」は真，「$q \Longrightarrow p$」は偽（反例 $a=0$，$b=7$）であるから　②

・(3)より「$q \Longrightarrow r$」は偽，「$r \Longrightarrow q$」も偽$\left(反例\ a=b=\dfrac{5}{\sqrt{2}}\right)$

であるから　③

⬅$|a|+|b|=5\sqrt{2}>7$

・「$r \Longrightarrow p$」は偽(反例 $a=0$, $b=5$)，「$p \Longrightarrow r$」は真であるから　①

15

④ の否定は $|a|+|b| \leqq 0$ すなわち「$a=b=0$」であるから

④ は「$a \neq 0$　または　$b \neq 0$」と同値である。

条件 ⓪，①，②，③，④，⑤ を満たす ab 平面上の点集合を，それぞれ，A_0，A_1，A_2，A_3，A_4，A_5 とする(境界はすべて除く)。

←数Ⅱの図形と方程式(領域)を利用する。

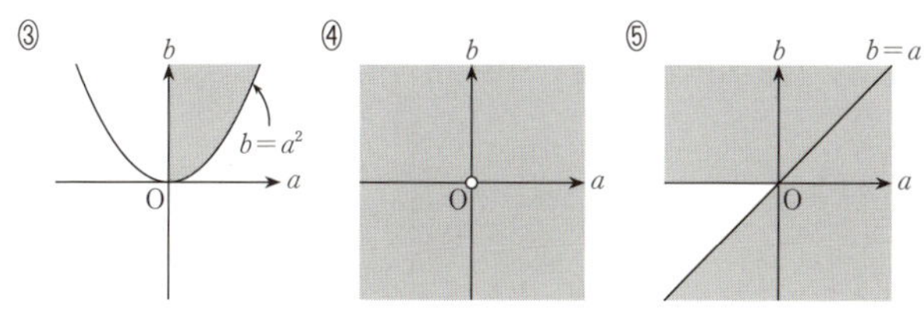

(1)　　$P=\{(a,\ b)\,|\,a>0$ かつ $b>0\}$

　　　$Q=\{(a,\ b)\,|\,ab>0\}$

とすると，P は第 1 象限を，Q は第 1 象限と第 3 象限を表す。

←

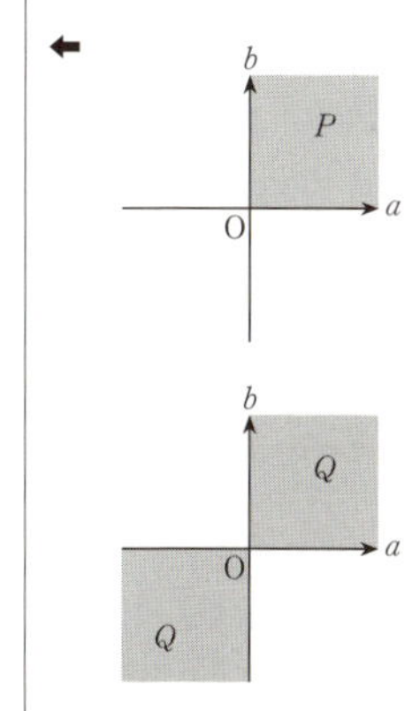

　　$P=A_2$ より ア は ⑥。

　　$P \supset A_3$ かつ $P \neq A_3$ より イ は ⑦。

　　$Q \subset A_4$ かつ $Q \neq A_4$ より ウ は ⑧。

　　Q と A_5 には包含関係がないので，エ は ⑨。

(2)　A_0，A_1，A_2，A_3，A_4，A_5 の包含関係を調べると

　　$A_3 \subset A_0$，$A_3 \subset A_1$，$A_3 \subset A_2$，$A_3 \subset A_4$，$A_3 \subset A_5$

より，③ は他のすべての十分条件であり

　　$A_4 \supset A_0$，$A_4 \supset A_1$，$A_4 \supset A_2$，$A_4 \supset A_3$，$A_4 \supset A_5$

より，④ は他のすべての必要条件である。

(注)　条件 p，q を満たす要素の集合をそれぞれ P，Q とすると

　　p が q であるための十分条件 $\Longleftrightarrow P \subset Q$

　　p が q であるための必要条件 $\Longleftrightarrow P \supset Q$

16

(1)　　$\{2n-3\,|\,n=0,\ 1,\ 2,\ \cdots\}=\{-3,\ -1,\ 1,\ \cdots\}$

$\{2n-1 | n=0, 1, 2, \cdots\} = \{-1, 1, 3, \cdots\}$

$\{2n+1 | n=0, 1, 2, \cdots\} = \{1, 3, 5, \cdots\}$

$\{2n+3 | n=0, 1, 2, \cdots\} = \{3, 5, 7, \cdots\}$

よって，正の奇数全体の集合を表すのは

$\{2n+1 | n=0, 1, 2, \cdots\}$　（②）

(2)　(イ)　p：m^2+n^2 が偶数である

q：m，n がともに奇数である

とおく。

$m=n=2$ とすると　$m^2+n^2=8$

←m，nともに偶数の場合。

よって，p ではあるが q ではないから

$p \Longrightarrow q$ は偽

q とすると，m^2，n^2 がともに奇数であるから，m^2+n^2 は偶数である。

よって

$q \Longrightarrow p$ は真

したがって，p は q であるための必要条件であるが，十分条件ではない（①）。

(ウ)　p：m が n により $m=n^2+n+1$ と表される

q：m が奇数である

とおく。

p とする。n，$n+1$ の一方は偶数，他方は奇数であるから $n(n+1)=n^2+n$ は偶数であり，m は奇数である。よって，q であるから

$p \Longrightarrow q$ は真

また，$m=5$ とすると，$m=n^2+n+1$ を満たす整数 n は存在しない。

←$n(n+1)=4$

よって

$q \Longrightarrow p$ は偽

したがって，p は q であるための十分条件であるが，必要条件ではない（②）。

(エ)　p：n^2 が 8 の倍数である

q：n が 4 の倍数である

とおく。

n^2 が $8=2^3$ の倍数であるならば，n^2 は $2^4=16$ の倍数であるから，n は 4 の倍数である。

←n^2は平方数。

よって

$p \Longrightarrow q$ は真

n が 4 の倍数であるならば，n^2 は 16 の倍数であるから，n^2

は8の倍数である。

よって

$q \Longrightarrow p$ は真

したがって，p は q であるための必要十分条件である(⓪)。

(3)　x が奇数のとき，$x=2k-1$ (k は整数)とおくと

$$A=m(2k-1)^2+n(2k-1)+2m+n+1$$
$$=2(2k^2m-2km+kn+m)+m+1$$

となるので，A が偶数になるための必要十分条件は，m が奇数であることである(⓪)。

←$m+1$ が偶数。

また，x が偶数のとき，$x=2k$ (k は整数)とおくと

$$A=m(2k)^2+n(2k)+2m+n+1$$
$$=2(2k^2m+kn+m)+n+1$$

となるので，A が奇数になるための必要十分条件は，n が偶数であることである(④)。

←$n+1$ が奇数。

17

(1)　C は

$$y=-x^2+ax+\frac{a^2}{2}-a-1$$
$$=-\left(x-\frac{a}{2}\right)^2+\frac{3}{4}a^2-a-1$$

と表されるので，C の頂点の座標は

$$\left(\frac{1}{2}a,\ \frac{3}{4}a^2-a-1\right)$$

である。

(2)　$a=2$ のとき，頂点は $(1,\ 0)$　……⓪

←頂点と y 軸との交点を確認する。

$a=3$ のとき，頂点は $\left(\frac{3}{2},\ \frac{11}{4}\right)$

y 軸との交点は $\left(0,\ \frac{1}{2}\right)$　……①

$a=0$ のとき，頂点は $(0,\ -1)$　……②

したがって，③ のグラフを表すことはできない。

$a=-2$ のとき，頂点は $(-1,\ 4)$

y 軸との交点は $(0,\ 3)$　……④

したがって，⑤ のグラフを表すことはできない。

よって，表すことができないグラフは　③，⑤

(3)　C は上に凸の放物線であるから，C が x 軸と共有点をもつための条件は，(頂点の y 座標)$\geqq 0$ である。

←$y=0$ の判別式 $D\geqq 0$ でもよい。

よって

$$\frac{3}{4}a^2-a-1\geqq 0$$

$$3a^2-4a-4\geqq 0$$

$$(a-2)(3a+2)\geqq 0 \qquad \therefore\ \ \boldsymbol{a\leqq -\frac{2}{3},\ 2\leqq a}$$

$a=2$ のとき，C は x 軸と接するので，共有点は頂点になる。

よって，共有点の座標は $(\mathbf{1},\ \mathbf{0})$ である。

←(2)の ⓪。

また，C が x 軸の $x>0$ の部分と共有点をもつための条件は

$$f(x)=-x^2+ax+\frac{a^2}{2}-a-1$$

とおくと

←軸 $x=\frac{a}{2}$ の位置で場合分けをする。

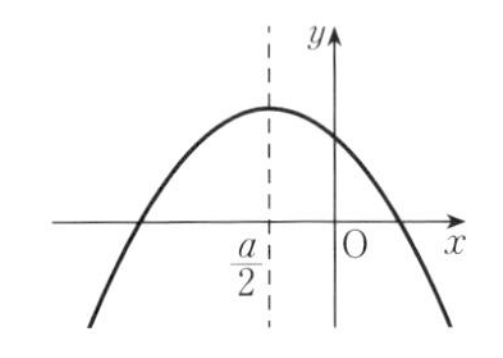

・$\frac{a}{2}\leqq 0$ つまり $a\leqq 0$ のとき

$$f(0)=\frac{a^2}{2}-a-1>0$$

$$a^2-2a-2>0$$

$a\leqq 0$ より　$a<1-\sqrt{3}$

・$\frac{a}{2}>0$ つまり $a>0$ のとき

$$f\left(\frac{a}{2}\right)=\frac{3}{4}a^2-a-1\geqq 0$$

←(頂点の y 座標)$\geqq 0$

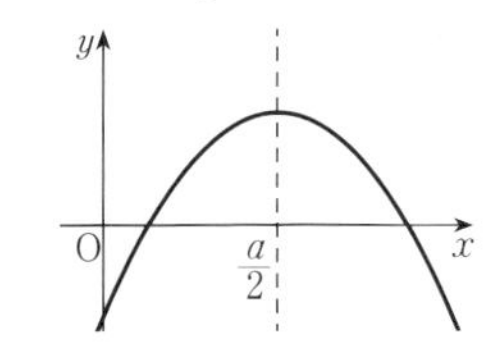

$a>0$ より　$a\geqq 2$

以上より，求める a の値の範囲は

$$\boldsymbol{a<1-\sqrt{3},\ 2\leqq a}$$

(4)　$a<0$ のとき，$0\leqq x\leqq 1$ における最大値は

$$f(0)=\frac{a^2}{2}-a-1$$

←軸 $x=\frac{a}{2}<0$

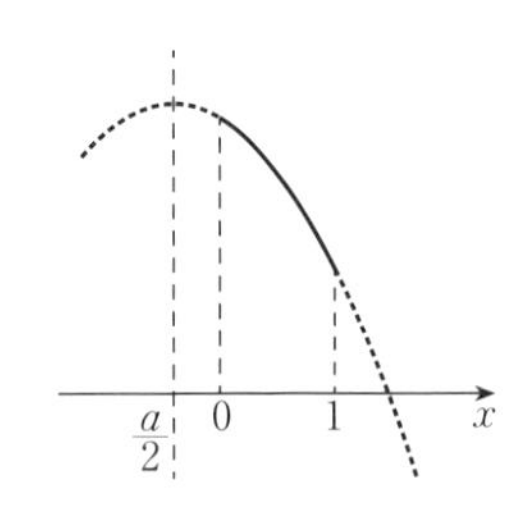

最小値は

$$f(1)=\frac{a^2}{2}-2$$

であるから，最大値と最小値の差は

$$f(0)-f(1)=\boldsymbol{-a+1}$$

18

$$y=x^2+(4a+6)x+3a+4$$
$$=(x+2a+3)^2-4a^2-9a-5 \qquad \cdots\cdots①$$

よって

$$\mathrm{P}(\boldsymbol{-2a-3,\ -4a^2-9a-5})$$

(1)　C が x 軸と異なる2点 A，B で交わる条件は

$$-4a^2-9a-5<0$$
$$(a+1)(4a+5)>0$$
$$\therefore\quad a<-\frac{5}{4},\ -1<a \qquad \cdots\cdots②$$

←(頂点の y 座標)<0，$y=0$ の(判別式)>0 でもよい。

このとき，①において $y=0$ とおくと

$$x=-2a-3\pm\sqrt{4a^2+9a+5}$$

←A，B の x 座標。

$$AB=(-2a-3+\sqrt{4a^2+9a+5})-(-2a-3-\sqrt{4a^2+9a+5})$$
$$=2\sqrt{4a^2+9a+5}$$

よって，$AB>2\sqrt{14}$ となる条件は

$$2\sqrt{4a^2+9a+5}>2\sqrt{14}$$
$$4a^2+9a-9>0$$
$$(a+3)(4a-3)>0$$
$$a<-3,\ \frac{3}{4}<a \quad \text{（これは②を満たす）}$$

また，$d=\sqrt{4a^2+9a+5}$ とおくと

$$AB=2d,\ P(-2a-3,\ -d^2)$$

である。P から x 軸へ引いた垂線と x 軸との交点を H とすると，H は AB の中点である。よって

$$AH=BH=\frac{AB}{2}=d,\ PH=d^2$$

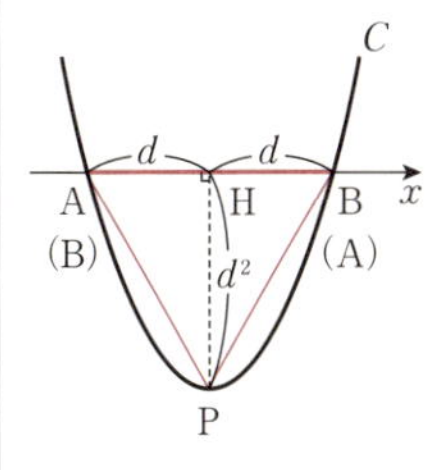

二等辺三角形 ABP が正三角形となる条件は，$\sqrt{3}AH=PH$ であり，$\sqrt{3}d=d^2$ より

$$d=\sqrt{3}$$

このとき

$$\sqrt{4a^2+9a+5}=\sqrt{3}$$
$$(a+2)(4a+1)=0$$
$$\therefore\quad a=-2,\ -\frac{1}{4}$$

(2)　C を x 軸に関して対称移動すると

$$(-y)=x^2+(4a+6)x+3a+4$$
$$\therefore\quad y=-x^2-(4a+6)x-3a-4$$

←$y=f(x)$ のグラフを x 軸に関して対称移動すると $-y=f(x)$ すなわち $y=-f(x)$

さらに，x 軸方向に 2，y 軸方向に -19 平行移動すると

$$y-(-19)=-(x-2)^2-(4a+6)(x-2)-3a-4$$
$$\therefore\quad y=-x^2-(4a+2)x+5a-15$$

これが C' であり，C' が原点を通ることから

$$5a-15=0 \qquad \therefore\quad a=3$$
$$C' : y=-x^2-14x$$

(注)　頂点の移動を考える。

$$\mathrm{P}(-2a-3,\ -4a^2-9a-5)$$

x 軸に関して対称移動すると

$$(-2a-3,\ 4a^2+9a+5)$$

x 軸方向に2，y 軸方向に-19 平行移動すると

$$(-2a-1,\ 4a^2+9a-14)$$

また，x^2 の係数は-1 になるから，C' の方程式は

$$y=-(x+2a+1)^2+4a^2+9a-14$$

19

(1)　放物線 C が2点$(1,\ -3)$，$(5,\ 13)$を通るので

$$\begin{cases} -3=a+b+c \\ 13=25a+5b+c \end{cases} \quad \therefore \quad \begin{cases} b=-6a+4 \\ c=5a-7 \end{cases}$$

(2)　(1)より，C は

$$y=ax^2-2(3a-2)x+5a-7$$

$$=a\left\{x^2-\frac{2(3a-2)}{a}x\right\}+5a-7$$

$$=a\left\{\left(x-\frac{3a-2}{a}\right)^2-\left(\frac{3a-2}{a}\right)^2\right\}+5a-7$$

$$=a\left(x-\frac{3a-2}{a}\right)^2-\frac{(3a-2)^2}{a}+5a-7$$

$$=a\left\{x-\left(3-\frac{2}{a}\right)\right\}^2-4a+5-\frac{4}{a}$$

よって，C の頂点は $\left(3-\frac{2}{a},\ -4a+5-\frac{4}{a}\right)$ である。

(3)　C と x 軸の交点の x 座標は，$y=0$ とおいて，(2)より

$$a\left\{x-\left(3-\frac{2}{a}\right)\right\}^2=\frac{4}{a}-5+4a$$

$$\left\{x-\left(3-\frac{2}{a}\right)\right\}^2=\frac{4}{a^2}-\frac{5}{a}+4$$

$$x-\left(3-\frac{2}{a}\right)=\pm2\sqrt{\frac{1}{a^2}-\frac{5}{4a}+1}$$

$$\therefore\quad x=3-\frac{2}{a}\pm2\sqrt{\frac{1}{a^2}-\frac{5}{4a}+1}$$

よって　$\mathrm{PQ}=4\sqrt{\frac{1}{a^2}-\frac{5}{4a}+1}$

$t=\frac{1}{a}$ とおくと

$$\mathrm{PQ}=4\sqrt{t^2-\frac{5}{4}t+1}=4\sqrt{\left(t-\frac{5}{8}\right)^2+\frac{39}{64}}$$

⬅$y=0$ の2解は

$$x=\frac{3a-2\pm\sqrt{4a^2-5a+4}}{a}$$

であるから

$$\mathrm{PQ}=\frac{2\sqrt{4a^2-5a+4}}{a}$$

よって，PQ は

$$t=\frac{5}{8}\ のとき最小値\quad 4\sqrt{\frac{39}{64}}=\frac{\sqrt{39}}{2}$$

をとる。

20

$$y=ax^2+bx+c$$
$$=a\left(x+\frac{b}{2a}\right)^2-\frac{b^2-4ac}{4a}$$

図 1 のグラフは，下に凸であるから　$a>0$

頂点が第 4 象限にあるから

$$-\frac{b}{2a}>0\quad かつ\quad -\frac{b^2-4ac}{4a}<0$$

y 軸の $y>0$ の部分と交わるので　$c>0$

よって

$$a>0,\ b<0,\ c>0,\ b^2>4ac \quad \cdots\cdots①$$

←グラフの凹凸，頂点，y 切片を調べる。

(1)　$a=\frac{1}{2}$ のとき，①より

$$b<0,\ c>0,\ b^2>2c$$

よって，b，c の組合せとして適当なものは

$$b=-2,\ c=1\quad (⑥)$$

このとき頂点の座標は $(2,\ -1)$ であるから，グラフを y 軸方向に 1 だけ平行移動すると，頂点が x 軸上に移る。よって，c の値を 1 だけ増加させればよい。(⓪)

(2)　グラフが x 軸の $x>0$ の部分と異なる 2 点で交わっているから，2 次方程式 $ax^2+bx+c=0$ は異なる二つの正の解をもつ。(⓪)

(3)「不等式 $ax^2+bx+c>0$ の解がすべての実数となること」が起こり得るのは，グラフ全体が x 軸の上側にあることであるから

$$a>0\quad かつ\quad -\frac{b^2-4ac}{4a}>0$$

すなわち

$$a>0,\ b^2<4ac \quad \cdots\cdots②$$

よって，「a の値を大きくする」または「b の値を 0 に近づける」または「c の値を大きくする」ことによって，①の状態から②を満たすようにできる。(⑦)

「不等式 $ax^2+bx+c>0$ の解がないこと」が起こり得るのは，グラフが x 軸より上側にないことであるから

$$a<0\quad かつ\quad -\frac{b^2-4ac}{4a}\leqq 0$$

すなわち

$$a<0,\ b^2 \leqq 4ac \qquad \cdots\cdots③$$

よって，一つの操作だけで，①の状態から③を満たすようにすることはできない。（⓪）

21

$$y=(x-a+1)^2-a^2+8$$

であるから，G は頂点の座標が

$$(a-1,\ -a^2+8)$$

の放物線である。

(1)　G が点 $(7,\ 8)$ を通るとき

$$8=7^2-(2a-2)\cdot 7-2a+9$$

$$\therefore\quad a=4$$

(2)

$$y=x^2+2x+9-a(2x+2) \qquad \cdots\cdots①$$

←a について整理する。

であり，$x=-1$ のとき $y=8$ であるから　$\mathrm{P}(-1,\ 8)$

G は軸（直線 $x=a-1$）に関して対称であるから，$a \fallingdotseq 0$ のとき軸に関する点 P の対称点 $(2a-1,\ 8)$ も G 上にある。

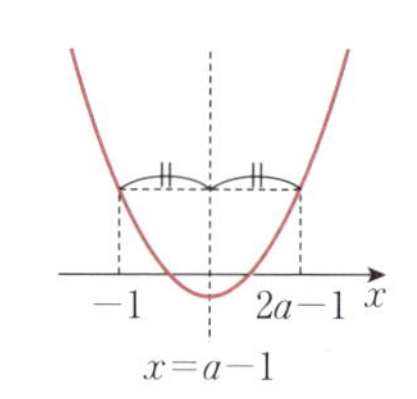

(3)　すべての実数 x に対して $y>0$ となるのは，G の頂点の y 座標が正となるときであるから

$$-a^2+8>0$$

$$\therefore\quad 0<a<2\sqrt{2}$$

←$a>0$ より。

また

「すべての整数 x に対して $y>0$」

となるのは，軸：$x=a-1$ に最も近い整数 x に対して $y>0$ となるときである。

$a>0$ より $a-1>-1$ であることから

$x=-1$ のとき $y=8>0$

$x=0$ のとき $y=9-2a>0$ より $a<\dfrac{9}{2}$ $\qquad\cdots\cdots②$

$x=1$ のとき $y=12-4a>0$ より $a<3$ $\qquad\cdots\cdots③$

$x=2$ のとき $y=17-6a>0$ より $a<\dfrac{17}{6}$ $\qquad\cdots\cdots④$

②，③，④の共通範囲を求めると $a<\dfrac{17}{6}$ であり，このとき，

←

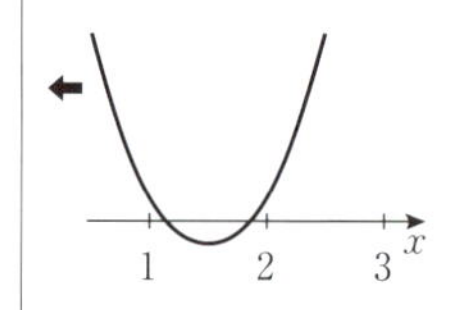

軸：$x=a-1<\dfrac{11}{6}<2$ であるから，$x \geqq 3$ のとき $y>0$ である。

よって

$$0<a<\frac{17}{6}$$

22

(1) $$y=(x-a-6)^2-a^2-2a+8$$

であるから，G の頂点の座標は

$$(a+6,\ -a^2-2a+8)$$

(2) (i) $a+6 \leqq 0$ つまり $a \leqq -6$ のとき

$m=10a+44 \quad (x=0)$

このとき，m の最大値は -16（$a=-6$ のとき）

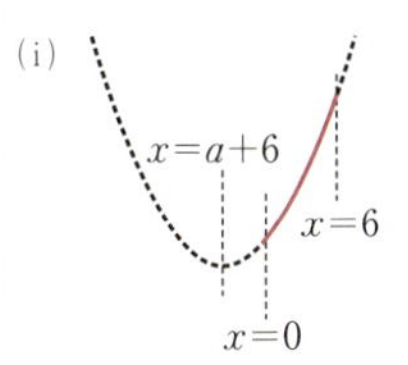

(ii) $0 \leqq a+6 \leqq 6$ つまり $-6 \leqq a \leqq 0$ のとき

$m=-a^2-2a+8 \quad (x=a+6)$

$=-(a+1)^2+9$

このとき，m の最大値は 9（$a=-1$ のとき）

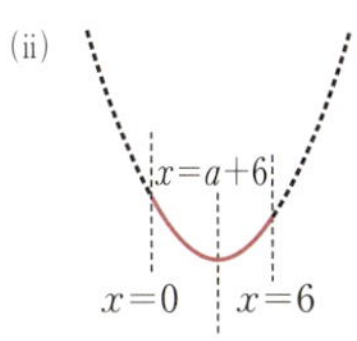

(iii) $6 \leqq a+6$ つまり $0 \leqq a$ のとき

$m=-2a+8 \quad (x=6)$

このとき，m の最大値は 8（$a=0$ のとき）

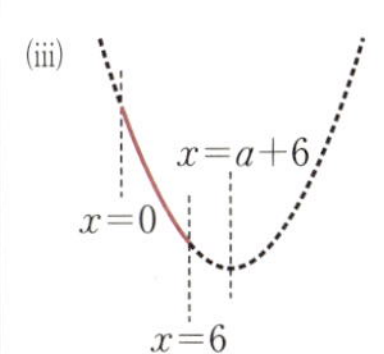

よって，a の関数 m は $a=-1$ のとき最大値 9 をとる。

また，$0 \leqq x \leqq 6$ においてつねに $y>0$ となるのは，$m>0$ となることである。

(i) $a \leqq -6$ のとき

$m>0$ より　$a>-\dfrac{22}{5}$

これは $a \leqq -6$ を満たさない。

(ii) $-6 \leqq a \leqq 0$ のとき

$m>0$ より　$a^2+2a-8<0$　　$\therefore$　$-4<a<2$

$-6 \leqq a \leqq 0$ から　$-4<a \leqq 0$

(iii) $a \geqq 0$ のとき

$m>0$ より　$a<4$

$a \geqq 0$ から　$0 \leqq a<4$

(i)，(ii)，(iii)より

$$-4<a<4$$

（注）m のグラフは次のようになる。

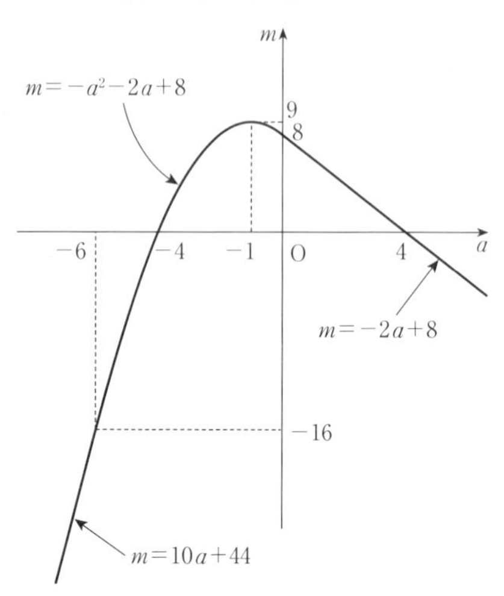

23

〔1〕 1000 円から $10x$ 円値下げすると，$(20+3x)$ 個売れるから売り上げ y は

$$y=(1000-10x)(20+3x)$$
$$=-30x^2+2800x+20000 \quad (⑤)$$
$$=-30\left(x-\frac{140}{3}\right)^2+\frac{256000}{3}$$

$\dfrac{140}{3}=46+\dfrac{2}{3}$ より，y を最大にする整数 x は 47 であるから，売り上げが最大となるのは売値を

$$1000-10\cdot 47=530\text{（円）} \quad (⑧)$$

としたときで，このときの売り上げは

$$y=530\cdot 161=85330\text{（円）} \quad (②)$$

である。また，1 日の利益を z とすると

$$z=y-400(20+3x)$$
$$=(600-10x)(20+3x)$$
$$=-30x^2+1600x+12000$$
$$=-30\left(x-\frac{80}{3}\right)^2+\frac{100000}{3}$$

$\dfrac{80}{3}=26+\dfrac{2}{3}$ より，z を最大にする整数 x は 27 であるから，利益が最大となるのは売値を

$$1000-10\cdot 27=730\text{（円）} \quad (⑥)$$

としたときで，このときの利益は

$$z=330\cdot101=33330\text{（円）}\quad（⑦）$$

〔2〕　$y=ax^2+bx$ に $x=20$，$y=8.5$ と $x=40$，$y=22$ を代入すると

$$\begin{cases}8.5=400a+20b\\22=1600a+40b\end{cases}$$

$$\therefore\quad a=\mathbf{\frac{1}{160}},\ b=\mathbf{\frac{3}{10}}$$

$y=\frac{1}{160}x^2+\frac{3}{10}x$ において，$x=80$ のとき

$$y=\frac{1}{160}\cdot80^2+\frac{3}{10}\cdot80=\mathbf{64}\ \text{(m)}$$

$y\leqq10$ とすると

$$\frac{1}{160}x^2+\frac{3}{10}x-10\leqq0$$

$$x^2+48x-1600\leqq0$$

$$(x+24)^2\leqq2176$$

$46^2=2116$，$47^2=2209$ より，これを満たす最大の整数 x は

$$x+24=46$$

$$\therefore\quad x=22\quad（①）$$

24

$$C:y=\frac{1}{2}(x-2a)^2+b-2a^2$$

C の頂点$(2a,\ b-2a^2)$ が D 上にあるとき

$$b-2a^2=(2a)^2+2a-2$$

$$\therefore\quad b=\mathbf{6a^2+2a-2}$$

このとき，C を $y=f(x)$ とおくと

$$f(x)=\frac{1}{2}x^2-2ax+6a^2+2a-2$$

$$=\frac{1}{2}(x-2a)^2+4a^2+2a-2$$

(1)　C が x 軸と異なる 2 点で交わる条件は

$$4a^2+2a-2<0$$

← (頂点の y 座標) <0

$$2(a+1)(2a-1)<0$$

$$\therefore\quad \mathbf{-1<a<\frac{1}{2}}$$

C が x 軸の正の部分と異なる 2 点で交わるような条件は

←

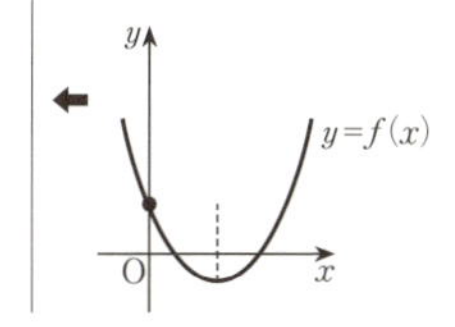

解説

$$\begin{cases} 4a^2+2a-2<0 \\ 軸：x=2a>0 \\ f(0)=6a^2+2a-2>0 \end{cases}$$

⬅ $-1<a<\dfrac{1}{2}$

⬅ $a<\dfrac{-1-\sqrt{13}}{6}$, $\dfrac{-1+\sqrt{13}}{6}<a$

$$\therefore\quad \boldsymbol{\frac{\sqrt{13}-1}{6}<a<\frac{1}{2}}$$

(2)　$f(x)=x+2$ より

$$\frac{1}{2}x^2-(2a+1)x+6a^2+2a-4=0 \quad \cdots\cdots①$$

C が直線 $y=x+2$ と接するとき

$$(2a+1)^2-2(6a^2+2a-4)=0$$

⬅ (①の判別式)$=0$

$$-8a^2+9=0$$

$$\therefore\quad a=\pm\boldsymbol{\frac{3\sqrt{2}}{4}}$$

C が直線 $y=x+2$ の第1象限と第3象限の部分で交わる条件は，①が $x<-2$，$0<x$ の範囲に，それぞれ解をもつことであるから，①の左辺を $g(x)$ とおくと

⬅

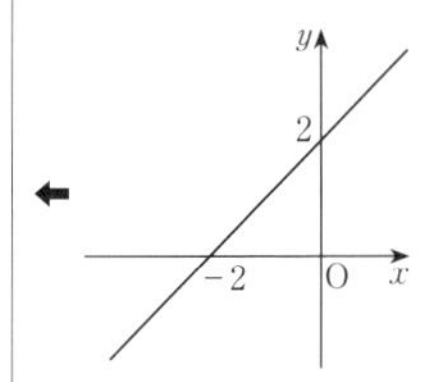

$$\begin{cases} g(0)=6a^2+2a-4<0 \\ g(-2)=6a^2+6a<0 \end{cases}$$

$$\begin{cases} 2(a+1)(3a-2)<0 \\ 6a(a+1)<0 \end{cases}$$

⬅

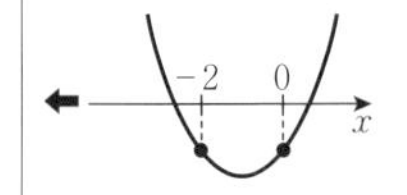

$$\therefore\quad \begin{cases} -1<a<\dfrac{2}{3} \\ -1<a<0 \end{cases}$$

$$\therefore\quad \boldsymbol{-1<a<0}$$

25

△ABC に余弦定理を用いると

⬅ △ABC に注目。

$$AC^2=(1+\sqrt{2})^2+2^2-2\cdot(1+\sqrt{2})\cdot2\cdot\cos45^\circ$$

$$=3 \qquad \therefore\quad AC=\sqrt{3}$$

△ABC に余弦定理を用いると

$$\cos\angle ACB=\frac{2^2+(\sqrt{3})^2-(1+\sqrt{2})^2}{2\cdot2\cdot\sqrt{3}}$$

$$=\boldsymbol{\frac{2\sqrt{3}-\sqrt{6}}{6}}$$

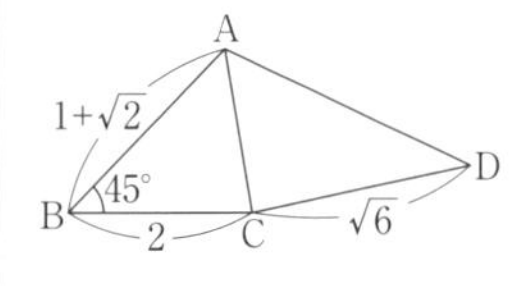

$$\sin\angle ADC=\sqrt{1-\cos^2\angle ADC}=\sqrt{1-\left(\frac{\sqrt{6}}{3}\right)^2}=\frac{\sqrt{3}}{3}$$

⬅ sin∠ADC を求めておく。

であるから，△ACD に正弦定理を用いると

⬅ △ACD に注目。

$$\frac{\sqrt{3}}{\sin\angle \mathrm{ADC}}=\frac{\sqrt{6}}{\sin\angle \mathrm{CAD}}$$

$$\therefore\quad \sin\angle \mathrm{CAD}=\sqrt{2}\sin\angle \mathrm{ADC}=\boldsymbol{\frac{\sqrt{6}}{3}}$$

△ACD の外接円の半径を R とすると，正弦定理より

$$\frac{\sqrt{3}}{\sin\angle \mathrm{ADC}}=2R\qquad \therefore\quad R=\frac{\sqrt{3}}{2\sin\angle \mathrm{ADC}}=\boldsymbol{\frac{3}{2}}$$

←外接円の半径は正弦定理を利用して求める。

また，AD$=x$ とおいて，△ACD に余弦定理を用いると

$$(\sqrt{3})^2=x^2+(\sqrt{6})^2-2\cdot x\cdot\sqrt{6}\cdot\cos\angle \mathrm{ADC}$$

$$x^2-4x+3=0\qquad \therefore\quad x=\mathbf{1,\ 3}$$

AD=3 のとき，四角形 ABCD の面積は

$$\triangle \mathrm{ABC}+\triangle \mathrm{ACD}$$

$$=\frac{1}{2}\cdot(1+\sqrt{2})\cdot 2\cdot\sin 45^\circ+\frac{1}{2}\cdot\sqrt{6}\cdot 3\cdot\sin\angle \mathrm{ADC}$$

$$=\boldsymbol{2\sqrt{2}+1}$$

←△ACD は∠ACD$=90^\circ$ の直角三角形になる。

$$\triangle \mathrm{ACD}=\frac{1}{2}\cdot \mathrm{AC}\cdot \mathrm{CD}=\frac{3\sqrt{2}}{2}$$

四角形 ABCD の面積を S とすると

$$S=\frac{1}{2}\cdot \mathrm{AC}\cdot \mathrm{BD}\cdot\sin\theta$$

← 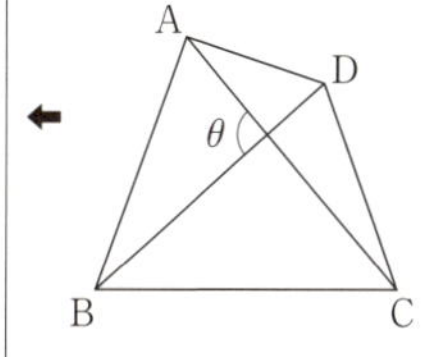

と表されるので

$$\mathrm{BD}=\frac{2S}{\mathrm{AC}\sin\theta}$$

$$=\frac{2(2\sqrt{2}+1)}{\sqrt{3}\sin\theta}$$

$$=\boldsymbol{\frac{2(2\sqrt{6}+\sqrt{3})}{3\sin\theta}}\quad (⓪)$$

26

∠ABC は鈍角であるから

$$\cos\angle \mathrm{ABC}=-\sqrt{1-\left(\sqrt{\frac{3}{7}}\right)^2}=\boldsymbol{-\frac{2\sqrt{7}}{7}}$$

←$90^\circ<\theta<180^\circ$ のとき $\cos\theta=-\sqrt{1-\sin^2\theta}$

△ABC に余弦定理を用いると

$$\mathrm{AC}^2=1^2+(\sqrt{7})^2-2\cdot 1\cdot\sqrt{7}\cdot\cos\angle \mathrm{ABC}$$

$$=12\qquad \therefore\quad \mathrm{AC}=\boldsymbol{2\sqrt{3}}$$

円 O の半径を R とすると，△ABC に正弦定理を用いて

$$\frac{2\sqrt{3}}{\sin\angle \mathrm{ABC}}=2R\qquad \therefore\quad R=\frac{\sqrt{3}}{\sin\angle \mathrm{ABC}}=\boldsymbol{\sqrt{7}}$$

←円 O は△ABC の外接円でもある。

△ABC に正弦定理を用いると

$$\frac{\sqrt{7}}{\sin\angle \mathrm{BAC}}=2R\qquad \therefore\quad \sin\angle \mathrm{BAC}=\boldsymbol{\frac{1}{2}}$$

$\angle \mathrm{ABC} > 90^\circ$ より　$\angle \mathrm{BAC} < 90^\circ$　　$\therefore$　$\angle \mathrm{BAC} = \mathbf{30^\circ}$

$\triangle \mathrm{ABH}$ において，$\mathrm{AB}=1$，$\angle \mathrm{BAH}=30^\circ$，$\angle \mathrm{AHB}=90^\circ$ より

$$\mathrm{BH}=\frac{1}{2},\ \mathrm{AH}=\frac{\sqrt{3}}{2}$$

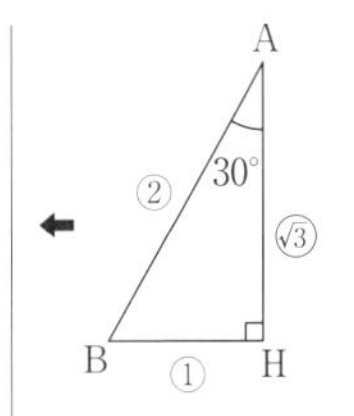

よって

$$\mathrm{CH}=\mathrm{AC}-\mathrm{AH}=\mathbf{\frac{3\sqrt{3}}{2}}$$

$\overset{\frown}{\mathrm{BC}}$ の円周角を考えて

$$\angle \mathrm{BDC}=\angle \mathrm{BAC}=30^\circ$$

$\triangle \mathrm{CDH}$ において，$\mathrm{CH}=\frac{3\sqrt{3}}{2}$，$\angle \mathrm{CDH}=30^\circ$，$\angle \mathrm{CHD}=90^\circ$ より

$$\mathrm{DH}=\sqrt{3}\mathrm{CH}=\mathbf{\frac{9}{2}}$$

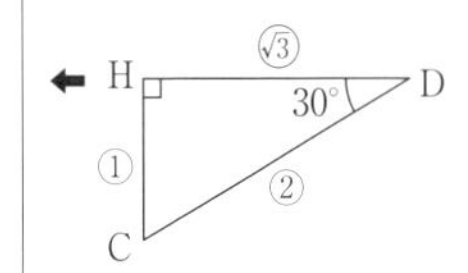

$\triangle \mathrm{AHD}$ において

$$\tan\angle \mathrm{CAD}=\frac{\mathrm{HD}}{\mathrm{AH}}=\frac{\frac{9}{2}}{\frac{\sqrt{3}}{2}}=3\sqrt{3}$$

$\triangle \mathrm{CHD}$ において

$$\tan\angle \mathrm{ACD}=\frac{\mathrm{HD}}{\mathrm{CH}}=\frac{\frac{9}{2}}{\frac{3\sqrt{3}}{2}}=\sqrt{3}$$

よって

$$0<\tan\angle \mathrm{ACD}<\tan\angle \mathrm{CAD}$$

$$\therefore\ \ \angle \mathrm{ACD}<\angle \mathrm{CAD}$$

$$\therefore\ \ \angle \mathrm{CAD}>\angle \mathrm{ACD}\ \ (②)$$

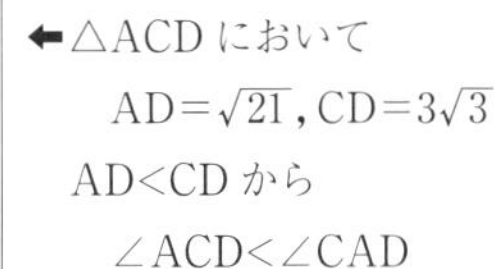
⬅ $\triangle \mathrm{ACD}$ において
$\mathrm{AD}=\sqrt{21}$, $\mathrm{CD}=3\sqrt{3}$
$\mathrm{AD}<\mathrm{CD}$ から
$\angle \mathrm{ACD}<\angle \mathrm{CAD}$

27

〔1〕　正弦定理より，外接円の半径は

$$\frac{6}{2\sin 60^\circ}=\frac{6}{\sqrt{3}}=\mathbf{2\sqrt{3}}$$

$\overset{\frown}{\mathrm{AB}}$ の円周角を考えて

$$\angle \mathrm{APB}=\angle \mathrm{ACB}=60^\circ$$

であるから，$\mathrm{BP}=x$ とおいて $\triangle \mathrm{ABP}$ に余弦定理を用いると

$$6^2=x^2+(3\sqrt{5})^2-2\cdot x\cdot 3\sqrt{5}\cdot\cos 60^\circ$$

$$x^2-3\sqrt{5}x+9=0$$

$$x=\frac{3\sqrt{5}\pm 3}{2}$$

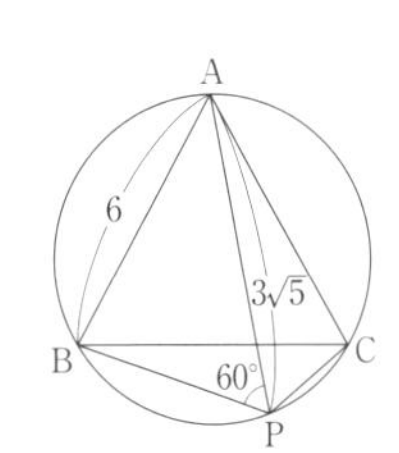

同様にして，$\overset{\frown}{\mathrm{AC}}$ の円周角を考えて

$$\angle \mathrm{APC}=\angle \mathrm{ABC}=60^\circ$$

であるから，△ACP に余弦定理を用いると

$$CP=\frac{3\sqrt{5}\pm3}{2}$$

←CP も BP と同じ方程式を満たす。
$CP^2-3\sqrt{5}CP+9=0$

BP≠CP から，BP と CP の長さは

$$\boldsymbol{\frac{3\sqrt{5}+3}{2}}\quad と\quad \frac{3\sqrt{5}-3}{2}$$

よって

$$BP+CP=\frac{3\sqrt{5}+3}{2}+\frac{3\sqrt{5}-3}{2}=3\sqrt{5}$$

であり，BP＋CP＝AP が成り立つ。

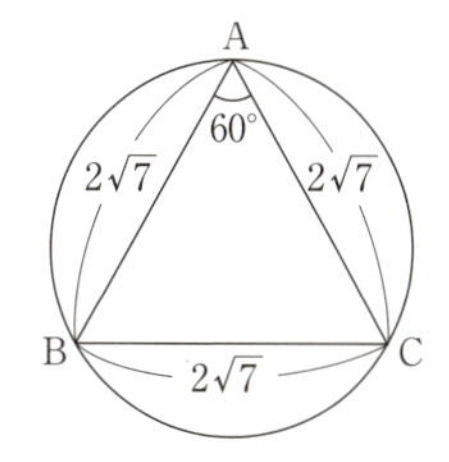

〔2〕　$\overset{\frown}{AC}$ の円周角を考えて

$$\angle ADC=\angle ABC=60^\circ$$

$\overset{\frown}{BC}$ の円周角を考えて

$$\angle BDC=\angle BAC=60^\circ$$

←同じ弧に対する円周角は等しい。

よって

$$\angle ADB=\angle ADC+\angle BDC$$
$$=60^\circ+60^\circ$$
$$=\boldsymbol{120^\circ}$$

←$\angle ADB+\angle ACB=180^\circ$
より
$\angle ADB=180^\circ-\angle ACB$
$=180^\circ-60^\circ=120^\circ$
とすることもできる。

AD＝y とおいて，△ABD に余弦定理を用いると

$$y^2+2^2-2\cdot y\cdot 2\cos120^\circ=(2\sqrt{7})^2$$
$$y^2+2y-24=0$$
$$(y+6)(y-4)=0$$

$y>0$ より　$y=4$　　∴　AD＝**4**

△ABD の面積は

$$\frac{1}{2}\cdot2\cdot4\sin120^\circ=2\sqrt{3}$$

△ABC の面積は

$$\frac{1}{2}(2\sqrt{7})^2\cdot\sin60^\circ=7\sqrt{3}$$

よって，四角形 ADBC の面積は

$$\triangle ABC+\triangle ABD=\boldsymbol{9\sqrt{3}}$$

△ADC と△BCD の面積比は

$$\frac{1}{2}AD\cdot CD\cdot\sin60^\circ : \frac{1}{2}BD\cdot CD\cdot\sin60^\circ$$
$$=AD:BD$$
$$=\boldsymbol{2}:1$$

であるから，△ADC の面積は

$$\frac{2}{3}(\text{四角形}ADBC)=\frac{2}{3}\cdot9\sqrt{3}=\boldsymbol{6\sqrt{3}}$$

△ADC の面積について

$$\frac{1}{2}\cdot \mathrm{AD}\cdot \mathrm{CD}\cdot \sin 60^\circ = 6\sqrt{3}$$

$$\frac{1}{2}\cdot 4\cdot \mathrm{CD}\cdot \frac{\sqrt{3}}{2} = 6\sqrt{3}$$

$$\therefore\quad \mathrm{CD} = \mathbf{6}$$

よって，AD+BD=CD が成り立つ。

(注)　円に内接する四角形の性質から

$$\angle \mathrm{CAD} + \angle \mathrm{CBD} = 180^\circ$$

△ADC，△BCD のそれぞれに余弦定理を用いると

$$\mathrm{CD}^2 = 4^2 + (2\sqrt{7})^2 - 2\cdot 4\cdot 2\sqrt{7}\cdot \cos\angle \mathrm{CAD}$$
$$= 44 - 16\sqrt{7}\cos\angle \mathrm{CAD}$$
$$\mathrm{CD}^2 = 2^2 + (2\sqrt{7})^2 - 2\cdot 2\cdot 2\sqrt{7}\cdot \cos\angle \mathrm{CBD}$$
$$= 32 - 8\sqrt{7}\cos(180^\circ - \angle \mathrm{CAD})$$
$$= 32 + 8\sqrt{7}\cos\angle \mathrm{CAD}$$

⬅$\cos(180^\circ - \theta) = -\cos\theta$

よって

$$44 - 16\sqrt{7}\cos\angle \mathrm{CAD} = 32 + 8\sqrt{7}\cos\angle \mathrm{CAD}$$

$$\therefore\quad \cos\angle \mathrm{CAD} = \frac{1}{2\sqrt{7}}$$

したがって

$$\mathrm{CD}^2 = 32 + 8\sqrt{7}\cdot \frac{1}{2\sqrt{7}} = 36$$

$$\therefore\quad \mathrm{CD} = 6$$

28

余弦定理より

$$\cos\angle \mathrm{ACB} = \frac{4^2 + (\sqrt{5})^2 - 3^2}{2\cdot 4\cdot \sqrt{5}} = \frac{12}{8\sqrt{5}} = \mathbf{\frac{3\sqrt{5}}{10}}$$

$$\sin\angle \mathrm{ACB} = \sqrt{1 - \cos^2\angle \mathrm{ACB}}$$
$$= \sqrt{1 - \left(\frac{3\sqrt{5}}{10}\right)^2}$$
$$= \mathbf{\frac{\sqrt{55}}{10}}$$

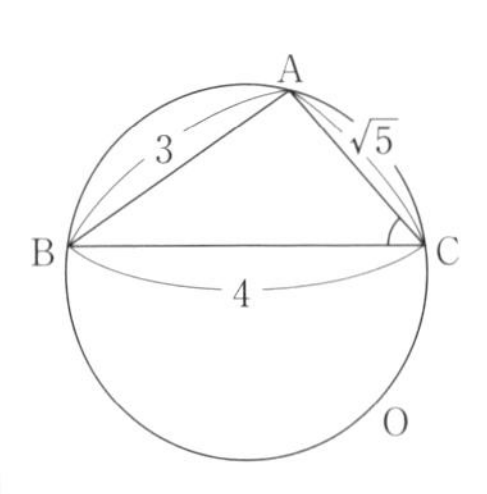

外接円 O の半径を R とすると，正弦定理より

$$R = \frac{3}{2\sin\angle \mathrm{ACB}} = \frac{15}{\sqrt{55}} = \mathbf{\frac{3\sqrt{55}}{11}}$$

△ACD の外接円の半径も $\dfrac{3\sqrt{55}}{11}$ であるから，△ACD に正弦定理を用いて

⬅△ABCの外接円と△ACDの外接円は同じ円。

$$\frac{\sqrt{5}}{\sin\angle \mathrm{ADC}}=2\cdot\frac{3}{11}\sqrt{55} \qquad \therefore \quad \sin\angle \mathrm{ADC}=\frac{11\sqrt{5}}{6\sqrt{55}}=\frac{\sqrt{11}}{6}$$

$\angle \mathrm{ADC}>90^\circ$ より，$\cos\angle \mathrm{ADC}<0$ であるから

$$\cos\angle \mathrm{ADC}=-\sqrt{1-\sin^2\angle \mathrm{ADC}}$$
$$=-\sqrt{1-\left(\frac{\sqrt{11}}{6}\right)^2}$$
$$=-\frac{5}{6}$$

⬅$\triangle$ABCにおいて，
$3^2+4^2>(\sqrt{5})^2$ より
$\angle \mathrm{ABC}<90^\circ$
四角形ABCDは円に内接するから
$\angle \mathrm{ABC}+\angle \mathrm{ADC}=180^\circ$
よって　$\angle \mathrm{ADC}>90^\circ$

(注)　$\triangle$ABC に余弦定理を用いて

$$\cos\angle \mathrm{ABC}=\frac{3^2+4^2-(\sqrt{5})^2}{2\cdot3\cdot4}=\frac{5}{6}$$

四角形 ABCD は円に内接するから

$$\angle \mathrm{ABC}+\angle \mathrm{ADC}=180^\circ$$

よって

$$\cos\angle \mathrm{ADC}=\cos(180^\circ-\angle \mathrm{ABC})=-\cos\angle \mathrm{ABC}$$
$$=-\frac{5}{6}$$

⬅$\cos(180^\circ-\theta)=-\cos\theta$

四角形 ABCD の面積が最大になるのは，$\triangle$ABC の面積が一定であるから，$\triangle$ACD の面積が最大になるときである。

$\triangle$ACD の面積が最大になるのは，辺 AC と点 D の距離が最大になるときであるから，D が $\overset{\frown}{\mathrm{AC}}$ の中点にあるとき。このとき，$\triangle$ACD は AD=CD の二等辺三角形になる。

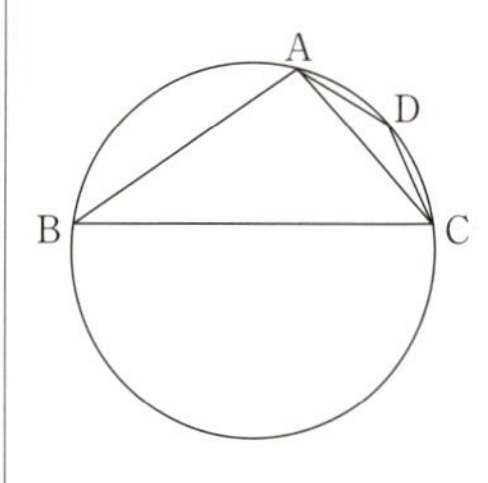

AD=CD=x とおくと，余弦定理より

$$x^2+x^2-2\cdot x\cdot x\cdot\cos\angle \mathrm{ADC}=(\sqrt{5})^2$$
$$2x^2+\frac{5}{3}x^2=5$$
$$x^2=\frac{15}{11}$$

$x>0$ より

$$x=\sqrt{\frac{15}{11}}=\frac{\sqrt{165}}{11}$$

$\triangle$ABC の面積は

$$\frac{1}{2}\cdot3\cdot4\cdot\sin\angle \mathrm{ABC}=6\cdot\frac{\sqrt{11}}{6}=\sqrt{11}$$

$\triangle$ADC の面積の最大値は

$$\frac{1}{2}\cdot\left(\sqrt{\frac{15}{11}}\right)^2\sin\angle \mathrm{ADC}=\frac{15}{22}\cdot\frac{\sqrt{11}}{6}=\frac{5\sqrt{11}}{44}$$

よって，四角形 ABCD の面積の最大値は

$$\sqrt{11}+\frac{5\sqrt{11}}{44}=\mathbf{\frac{49\sqrt{11}}{44}}$$

29

A，B は直線 OO′ に関して対称であるから

$$\text{AH}=\text{BH}=2,\ \angle\text{AHC}=90^\circ$$

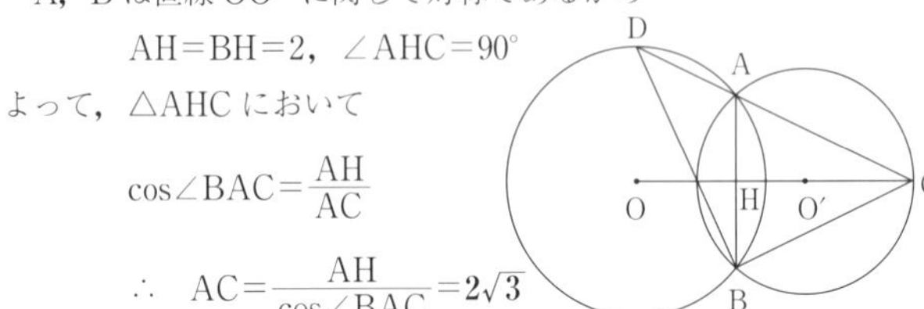

よって，△AHC において

$$\cos\angle\text{BAC}=\frac{\text{AH}}{\text{AC}}$$

$$\therefore\quad \text{AC}=\frac{\text{AH}}{\cos\angle\text{BAC}}=\mathbf{2\sqrt{3}}$$

← AC＝BC＝x とおいて，△ABC に余弦定理を用いて

$$x^2=x^2+4^2-2\cdot x\cdot 4\cdot\frac{\sqrt{3}}{3}$$

$$\therefore\quad x=2\sqrt{3}$$

としてもよい。

△ABC＝3△ABD より　AC＝3AD

$$\therefore\quad \text{AD}=\mathbf{\frac{2\sqrt{3}}{3}}$$

$$\sin\angle\text{BAC}=\sqrt{1-\left(\frac{\sqrt{3}}{3}\right)^2}=\mathbf{\frac{\sqrt{6}}{3}}$$

BC＝AC＝$2\sqrt{3}$ より，△ABC に正弦定理を用いると

$$\frac{\text{BC}}{\sin\angle\text{BAC}}=2\text{O}'\text{A}\qquad\therefore\quad \text{O}'\text{A}=\mathbf{\frac{3\sqrt{2}}{2}}$$

また

$$\cos\angle\text{BAD}=\cos(180^\circ-\angle\text{BAC})=-\cos\angle\text{BAC}=-\frac{\sqrt{3}}{3}$$

△ABD に余弦定理を用いると

$$\text{BD}^2=4^2+\left(\frac{2}{3}\sqrt{3}\right)^2-2\cdot 4\cdot\frac{2}{3}\sqrt{3}\cdot\cos\angle\text{BAD}=\frac{68}{3}$$

$$\therefore\quad \text{BD}=\mathbf{\frac{2\sqrt{51}}{3}}$$

$\sin\angle\text{BAD}=\sin\angle\text{BAC}=\frac{\sqrt{6}}{3}$ より，△ABD に正弦定理を用いると

$$\frac{\text{BD}}{\sin\angle\text{BAD}}=2\text{OA}\qquad\therefore\quad \text{OA}=\frac{\sqrt{34}}{2}$$

△OAH，△O′AH に三平方の定理を用いると

$$\begin{aligned}\text{OO}'&=\text{OH}+\text{O}'\text{H}\\&=\sqrt{\text{OA}^2-\text{AH}^2}+\sqrt{\text{O}'\text{A}^2-\text{AH}^2}\\&=\sqrt{\frac{34}{4}-4}+\sqrt{\frac{18}{4}-4}\\&=\frac{3\sqrt{2}}{2}+\frac{\sqrt{2}}{2}\\&=\mathbf{2\sqrt{2}}\end{aligned}$$

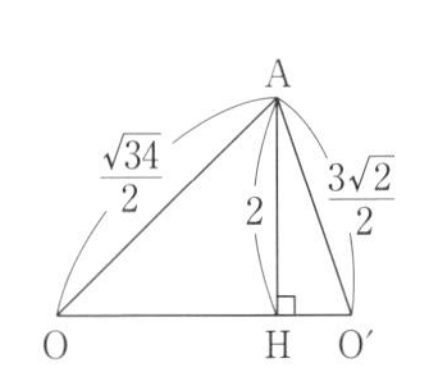

30

△ABC の外接円の半径を R とすると $2R=5\sqrt{5}$ であるから，正弦定理より

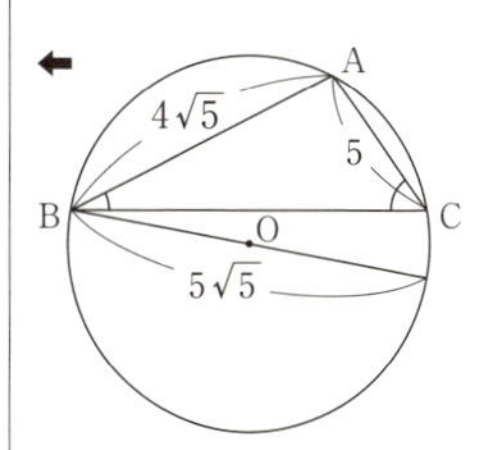

$$\frac{5}{\sin B}=5\sqrt{5} \qquad \therefore \quad \sin B=\frac{5}{5\sqrt{5}}=\frac{\sqrt{5}}{5}$$

$$\frac{4\sqrt{5}}{\sin C}=5\sqrt{5} \qquad \therefore \quad \sin C=\frac{4\sqrt{5}}{5\sqrt{5}}=\frac{4}{5}$$

よって

$$\cos B=\sqrt{1-\sin^2 B}=\sqrt{1-\left(\frac{\sqrt{5}}{5}\right)^2}=\frac{2\sqrt{5}}{5}$$

$$\cos C=\sqrt{1-\sin^2 C}=\sqrt{1-\left(\frac{4}{5}\right)^2}=\frac{3}{5}$$

← AC＜AB＜BC より，∠B，∠C は鋭角。

A から BC に垂線を引き，BC との交点を H とすると

$$BH=AB\cos B=4\sqrt{5}\cdot\frac{2\sqrt{5}}{5}=8$$

$$CH=AC\cos C=5\cdot\frac{3}{5}=3$$

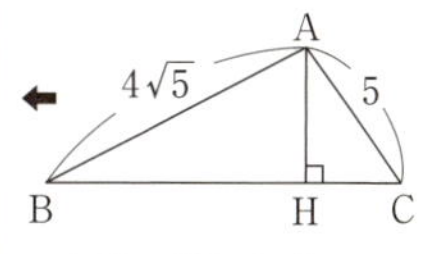

よって

$$BC=BH+CH=8+3=11$$

$$AH=\sqrt{5^2-3^2}=4$$

$AH=AB\sin B$
$=AC\sin C$
$=4$

より，△ABC の面積は

$$\frac{1}{2}\cdot BC\cdot AH=\frac{1}{2}\cdot 11\cdot 4=22$$

$\frac{1}{2}\cdot AB\cdot BC\cdot\sin B$ または $\frac{1}{2}\cdot AC\cdot BC\cdot\sin C$ からも求められる。

であり，△ABC の内接円の半径を r とすると

$$\triangle ABC=\frac{1}{2}(4\sqrt{5}+11+5)r=22$$

$$\therefore \quad r=\frac{11}{4+\sqrt{5}}=\frac{11(4-\sqrt{5})}{16-5}=4-\sqrt{5}$$

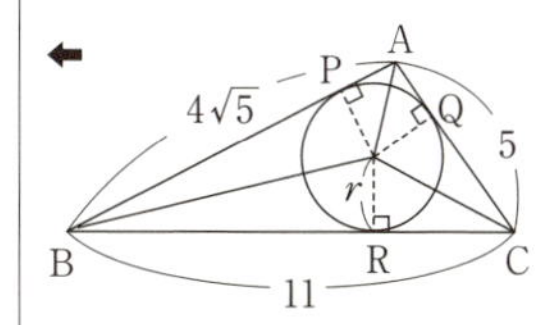

内接円の中心を I とすると
△IBC＋△ICA＋△IAB
＝△ABC

内接円と 3 辺 AB，AC，BC との接点を P，Q，R とすると，AP＝AQ，BP＝BR，CQ＝CR であり，AP＝x とおくと

$$BR=BP=4\sqrt{5}-x,\quad CR=CQ=5-x$$

よって，BC＝BR＋CR から

$$(4\sqrt{5}-x)+(5-x)=11$$

$$\therefore \quad x=2\sqrt{5}-3$$

さらに，∠ABD＝∠ACD＝90° より

$$BD=\sqrt{AD^2-AB^2}=\sqrt{(5\sqrt{5})^2-(4\sqrt{5})^2}=3\sqrt{5}$$

$$CD=\sqrt{AD^2-AC^2}=\sqrt{(5\sqrt{5})^2-5^2}=10$$

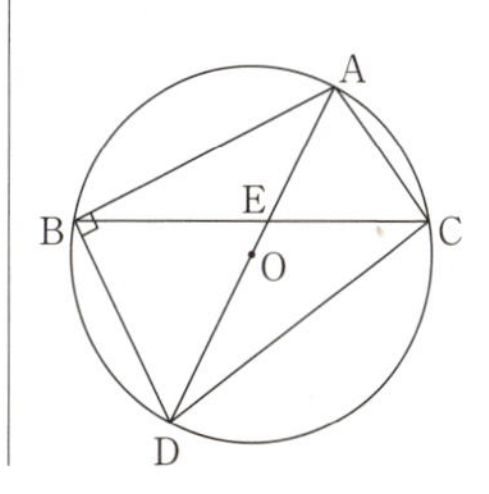

よって

$$\triangle ABD=\frac{1}{2}\cdot AB\cdot BD=\frac{1}{2}\cdot 4\sqrt{5}\cdot 3\sqrt{5}=30$$

$$\triangle ACD=\frac{1}{2}\cdot AC\cdot CD=\frac{1}{2}\cdot 5\cdot 10=25$$

△ABD と△ACD の面積比は BE：CE でもあるから

$$\frac{BE}{CE}=\frac{\triangle ABD}{\triangle ACD}=\mathbf{\frac{6}{5}}$$

⬅BE：CE ＝△ABD：△ACD

31

余弦定理より

$$\cos\angle BAC=\frac{3^2+3^2-(\sqrt{6})^2}{2\cdot 3\cdot 3}=\mathbf{\frac{2}{3}}$$

$$\sin\angle BAC=\sqrt{1-\cos^2\angle BAC}$$

$$=\sqrt{1-\left(\frac{2}{3}\right)^2}$$

$$=\mathbf{\frac{\sqrt{5}}{3}}$$

⬅

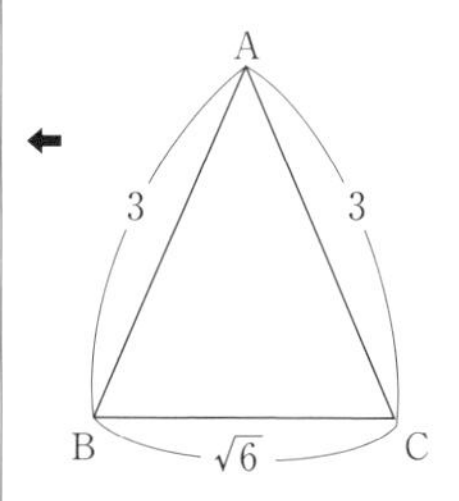

正弦定理より

$$R=\frac{\sqrt{6}}{2\sin\angle BAC}=\frac{\sqrt{6}}{2\cdot\frac{\sqrt{5}}{3}}=\frac{3\sqrt{6}}{2\sqrt{5}}=\mathbf{\frac{3\sqrt{30}}{10}}$$

三平方の定理より

$$OD=\sqrt{\left(\frac{\sqrt{14}}{2}\right)^2-\left(\frac{3\sqrt{6}}{2\sqrt{5}}\right)^2}=\frac{2}{\sqrt{5}}=\mathbf{\frac{2\sqrt{5}}{5}}$$

⬅

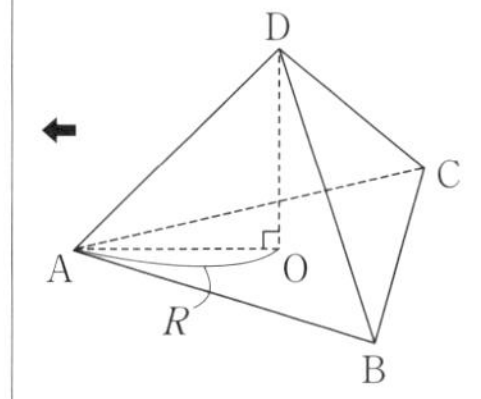

△ABC の面積は

$$\frac{1}{2}\cdot 3^2\cdot\sin\angle BAC=\frac{9}{2}\cdot\frac{\sqrt{5}}{3}=\frac{3\sqrt{5}}{2}$$

よって，三角錐 DABC の体積は

$$\frac{1}{3}\cdot\frac{3\sqrt{5}}{2}\cdot\frac{2}{\sqrt{5}}=\mathbf{1}$$

⬅$\frac{1}{3}$・(底面積)・(高さ)

また

$$\tan\angle OXD=\frac{OD}{OX}=\frac{2}{\sqrt{5}OX}$$

⬅

よって，OX が最大のとき tan∠OXD は最小になり，OX が最小のとき tan∠OXD は最大になる。

OX が最大になるのは，X が A，B，C のいずれかにあるときであり，このとき OX＝R であるから tan∠OXD の最小値は

$$\frac{2}{\sqrt{5}R}=\frac{2}{\sqrt{5}}\cdot\frac{2\sqrt{5}}{3\sqrt{6}}=\frac{4}{3\sqrt{6}}=\mathbf{\frac{2\sqrt{6}}{9}}$$

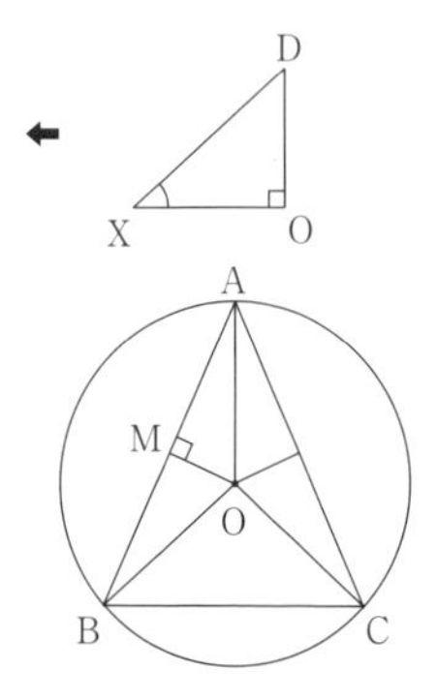

OX が最小になるのは，X が辺 AB の中点または辺 AC の中点にあるときである。辺 AB の中点を M とし，△AOM に三平方の定理を用いて

$$\mathrm{OM}=\sqrt{\left(\frac{3\sqrt{6}}{2\sqrt{5}}\right)^2-\left(\frac{3}{2}\right)^2}=\frac{3}{2\sqrt{5}}$$

したがって，tan∠OXD の最大値は

$$\frac{2}{\sqrt{5}\mathrm{OM}}=\frac{2}{\sqrt{5}}\cdot\frac{2\sqrt{5}}{3}=\frac{4}{3}$$

32

BC$=x$ とおき，△ABC に余弦定理を用いると

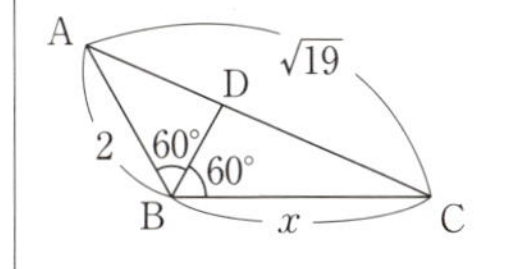

$$(\sqrt{19})^2=x^2+2^2-2\cdot x\cdot 2\cdot\cos 120^\circ$$

$$x^2+2x-15=0$$

$$(x+5)(x-3)=0$$

$x>0$より　$x=3$

よって　BC$=\mathbf{3}$

△ABC の面積は

$$\frac{1}{2}\cdot 2\cdot 3\cdot\sin 120^\circ=\mathbf{\frac{3\sqrt{3}}{2}}$$

BD$=y$ とおくと

$$\triangle\mathrm{ABD}+\triangle\mathrm{BCD}=\triangle\mathrm{ABC}$$

⬅面積を利用する。

$$\frac{1}{2}\cdot 2\cdot y\sin 60^\circ+\frac{1}{2}\cdot 3\cdot y\sin 60^\circ=\frac{3\sqrt{3}}{2}$$

$$\frac{5\sqrt{3}}{4}y=\frac{3\sqrt{3}}{2}$$

$$\therefore\quad y=\mathbf{\frac{6}{5}}$$

△ABD に余弦定理を用いると

$$\mathrm{AD}^2=2^2+\left(\frac{6}{5}\right)^2-2\cdot 2\cdot\frac{6}{5}\cos 60^\circ$$

$$=4+\frac{36}{25}-\frac{12}{5}=\frac{76}{25}$$

$$\mathrm{AD}=\mathbf{\frac{2\sqrt{19}}{5}}$$

(注)　∠ABD=∠CBD のとき，AD：DC=AB：BC が成り立つから

⬅角の二等分線に関する定理。

$$\mathrm{AD}:\mathrm{DC}=2:3$$

よって　$\mathrm{AD}=\frac{2}{5}\mathrm{AC}$

△ABE に注目すると

$$AE=AB\sin 60^\circ=\sqrt{3}$$
$$BE=AB\cos 60^\circ=1$$

よって，△BCE に余弦定理を用いて

$$CE^2=3^2+1^2-2\cdot 3\cdot 1\cos 60^\circ$$
$$=9+1-3=7$$
$$\therefore\quad CE=\sqrt{7}$$

←△ABE は
∠ABE=60°，∠AEB=90°
の直角三角形。

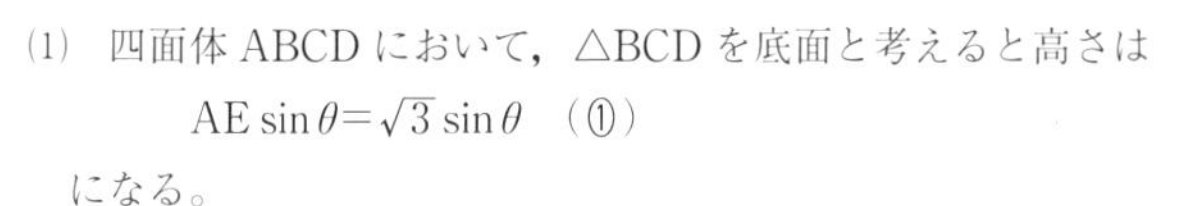

(1)　四面体 ABCD において，△BCD を底面と考えると高さは

$$AE\sin\theta=\sqrt{3}\sin\theta\quad (①)$$

になる。

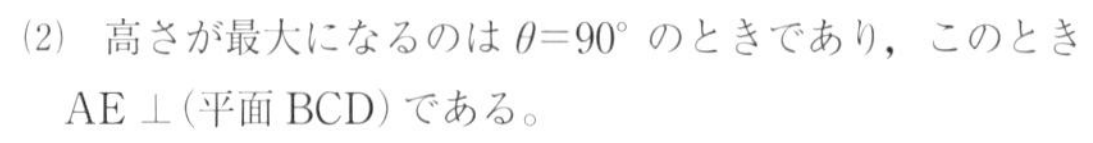

(2)　高さが最大になるのは $\theta=90^\circ$ のときであり，このとき AE ⊥ (平面 BCD) である。

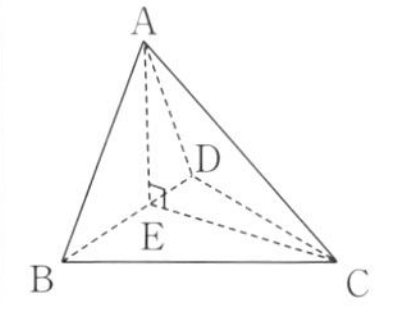

△BCD の面積は

$$\frac{1}{2}\cdot 3\cdot\frac{6}{5}\sin 60^\circ=\frac{9\sqrt{3}}{10}$$

であるから四面体 ABCD の体積の最大値は

$$\frac{1}{3}\cdot\frac{9\sqrt{3}}{10}\cdot\sqrt{3}=\mathbf{\frac{9}{10}}$$

(3)　四面体 K において，△AEC に三平方の定理を用いて

$$AC=\sqrt{(\sqrt{7})^2+(\sqrt{3})^2}=\sqrt{10}$$

△ABC に余弦定理を用いて

$$\cos\angle ABC=\frac{2^2+3^2-(\sqrt{10})^2}{2\cdot 2\cdot 3}=\frac{1}{4}$$

$$\sin\angle ABC=\sqrt{1-\left(\frac{1}{4}\right)^2}=\frac{\sqrt{15}}{4}$$

であるから

$$\triangle ABC=\frac{1}{2}\cdot 2\cdot 3\cdot\frac{\sqrt{15}}{4}=\mathbf{\frac{3\sqrt{15}}{4}}$$

点 D から平面 ABC に下ろした垂線の長さを z とすると，四面体 K の体積を考えて

$$\frac{1}{3}\cdot\frac{3\sqrt{15}}{4}\cdot z=\frac{9}{10}$$

$$z=\mathbf{\frac{6\sqrt{15}}{25}}$$

33

(1)　累積度数分布表から度数分布表を作ると，次のようになる。

←度数分布表からヒストグラムを作る。

階級（分） （以上）（未満）	階級値 （分）	度数 （人）
0～10	5	3
10～20	15	4
20～30	25	5
30～40	35	6
40～50	45	7
50～60	55	3
60～70	65	2

よって，ヒストグラムは次のようになる。（②）

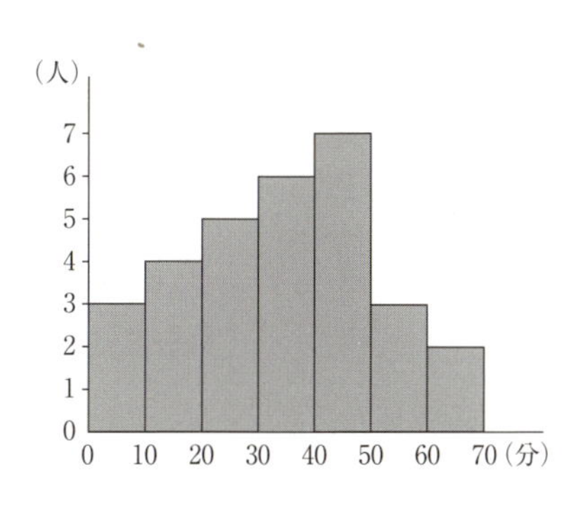

(2)　通学時間が 10 分未満の学生の相対度数は

$$\frac{3}{30}=\frac{1}{10}=\mathbf{0.10}$$

← $\dfrac{\text{その階級の度数}}{\text{全体の度数}}$

30 分以上 40 分未満の学生の相対度数は

$$\frac{6}{30}=\frac{1}{5}=\mathbf{0.20}$$

(3)　30 人の通学時間のデータを小さいものから順に並べると，第 1 四分位数は小さい方から 8 番目の値であり，20 分以上 30 分未満の階級（②）にある。また，第 3 四分位数は大きい方から 8 番目の値であり，40 分以上 50 分未満の階級（④）にある。

(4)　30 人の通学時間のデータで，中央値は小さい方から 15 番目の値と 16 番目の値の平均値であり，ともに 30～40 分の階級にある。

よって，30 人のデータについて

最小値　　　…… 0～10 の階級
第 1 四分位数 …… 20～30 の階級
中央値　　　…… 30～40 の階級
第 3 四分位数 …… 40～50 の階級
最大値　　　…… 60～70 の階級

これらの値と矛盾している箱ひげ図は　①，④，⑤

(5)　平均値は，各階級の最小の時間から計算すると

$$\frac{1}{30}(0\cdot3+10\cdot4+20\cdot5+30\cdot6+40\cdot7+50\cdot3+60\cdot2)$$

$$=29$$

したがって，階級値から求めた平均値は

$a=29+5=34.0$ (分)

中央値は 30～40 の階級にあるので，階級値 b は

$b=35$ (分)

最頻値は 40～50 の階級であるから，階級値 c は

$c=45$ (分)

←度数が最も大きい階級の階級値。

よって，a，b，c の大小関係は

$a<b<c$　(⓪)

34

39 人の点数を小さいもの(大きくないもの)から順に

x_1，x_2，x_3，……，x_{38}，x_{39}

とする。

←$x_1 \leqq x_2 \leqq x_3 \leqq \cdots\cdots \leqq x_{38} \leqq x_{39}$

最小値 m，第 1 四分位数 Q_1，中央値 Q_2，第 3 四分位数 Q_3，最大値 M は

$m=x_1$，$Q_1=x_{10}$，$Q_2=x_{20}$，$Q_3=x_{30}$，$M=x_{39}$

となる。

← 1……9 (9 人) ⑩ 11……19 (9 人)　⑩…第 1 四分位数
⑳…中央値
21……29 (9 人) ㉚ 31……39 (9 人)　㉚…第 3 四分位数

箱ひげ図から読み取ることができるそれぞれの値は，次の表のようになる。

	m	Q_1	Q_2	Q_3	M
A 組	25	41	53	68	91
B 組	12	28	37	59	72
C 組	25	42	61	72	93
D 組	23	38	54	74	87

(1)　⓪　最高点の生徒は C 組の 93 点であるから正しくない。

①　最低点の生徒は B 組の 12 点であるから正しくない。

②　範囲 $(M-m)$ が最も大きいのは，C 組の 68 点であるから正しくない。

③　四分位範囲 (Q_3-Q_1) が最も大きいのは，D 組の 36 点であるから正しい。

④　第 1 四分位数と中央値の差 (Q_2-Q_1) が最も小さいのは，B 組の 9 点であるから正しくない。

⑤　第 3 四分位数と中央値の差 (Q_3-Q_2) が最も小さいのは，C 組の 11 点であるから正しい。

よって，正しいものは　③，⑤

(2)　・90 点以上の生徒がいるクラスは，A 組と C 組（⓪，②）。
・20 点未満の生徒がいるクラスは，B 組（①）。
・60 点以上の生徒が 10 人未満であるクラスは，第 3 四分位数 Q_3 が 60 点より小さい B 組（①）。
・60 点以上の生徒が 20 人以上いるクラスは，中央値 Q_2 が 60 点より大きい C 組（②）。
・40 点以下の生徒が 10 人未満であるクラスは，第 1 四分位数 Q_1 が 40 点より大きい A 組と C 組（⓪，②）。
・40 点以下の生徒が 20 人以上いるクラスは，中央値 Q_2 が 40 点より小さい B 組（①）。

(3)　A 組の箱ひげ図から，第 1 四分位数（x_{10}）が 40 点以上（41 点）であり，第 3 四分位数（x_{30}）が 70 点以下（68 点）である。
40 点以上 70 点以下の人数は
最も多い場合で x_2 から x_{38} までの **37 人**
最も少ない場合で x_{10} から x_{30} までの **21 人**

35

(1)　x の 12 個のデータを小さいものから順に並べると

$$-13,\ -12,\ -8,\ -7,\ -2,\ 1,\ 4,\ 6,\ 11,\ 11,\ 16,\ 17$$

平均値は

$$\frac{1}{12}\{(-13)+(-12)+(-8)+(-7)+(-2)+1+4+6+11+11+16+17\}$$
$$=\frac{24}{12}=\mathbf{2.0}\ (℃)$$

中央値は，小さい方から 6 番目と 7 番目の平均値であるから

$$\frac{1+4}{2}=\mathbf{2.5}\ (℃)$$

第 1 四分位数は，小さい方から 3 番目と 4 番目の平均値であるから

←下位のデータの中央値。

$$\frac{(-8)+(-7)}{2}=\mathbf{-7.5}\ (℃)$$

第 3 四分位数は，大きい方から 3 番目と 4 番目の平均値であるから

←上位のデータの中央値。

$$\frac{11+11}{2}=\mathbf{11.0}\ (℃)$$

(2)　摂氏（℃）の変量を x，華氏（°F）の変量を z とすると

$z=1.8x+32$

z の平均値は

$1.8\times(x$ の平均値$)+32$ (①)

z の分散は

$1.8^2\times(x$ の分散$)$ (④)

z の標準偏差は

$1.8\times(x$ の標準偏差$)$ (⑥)

← (分散) =(偏差の2乗の平均値)

← (標準偏差) $=\sqrt{(分散)}$

(3) 修正前と修正後で6℃下がるから，平均値は

$$\frac{6}{12}=\mathbf{0.5}\,(℃)$$

減少する。

修正前の y の12個のデータのうち27は最も大きい値で，修正後の y の12個のデータのうち21は大きい方から4番目の値。したがって，修正後について

中央値は，修正前と一致し (②)

第1四分位数は，修正前と一致し (②)

第3四分位数は，修正前より減少する (①)

また，修正前より，修正後はデータの散らばりが減少するので

分散は，修正前より減少する (①)

中央値より大きい値は
修正前……
14, 17, 22, 26, 27, 27
修正後……
14, 17, 21, 22, 26, 27

第3四分位数は
修正前…… $\frac{22+26}{2}=24$
修正後…… $\frac{21+22}{2}=21.5$

(4) x と y には強い正の相関関係があるから ③。

← $r=0.99\cdots\cdots$ となる。

36

(1) 1回戦の得点を小さい方から順に並べると

8, 12, 12, 16, 16, 19, 19, 21, 21, 24, 24, 26, 26, 28, 28

となるから，中央値は **21.0** 点，第1四分位数は **16.0** 点，第3四分位数は **26.0** 点である。したがって，四分位範囲は

$26.0-16.0=\mathbf{10.0}$ (点)

(2) 1回戦の得点の箱ひげ図は，(1)のそれぞれの値と (平均値)<(中央値) であることから ①。

← 第1四分位数 … 16.0
中央値 … 21.0
第3四分位数 … 26.0

(3) 2回戦の得点について，平均値からの偏差が最大であるのは，30点(2番，6番)と18点(13番)の **6.0** 点。

偏差を表にまとめると

得点	偏差(点)	人数
18, 30	6	3
20, 28	4	3
22	2	1
24	0	3

よって，分散Aの値は

$$\frac{1}{10}(6^2\cdot3+4^2\cdot3+2^2\cdot1)=\mathbf{16.0}$$

標準偏差Bの値は

$$\sqrt{16.0}=\mathbf{4.0}\text{(点)}$$

(4)　3回戦の得点と偏差を表にすると

得点	偏差(点)
C	x
D	y
27	1
23	-3
30	4
23	-3

平均について

$$x+y+1+(-3)+4+(-3)=0$$

$$\therefore\quad x+y=\mathbf{1}$$

分散について

$$\frac{1}{6}\left\{x^2+y^2+1^2+(-3)^2+4^2+(-3)^2\right\}=8$$

$$\therefore\quad x^2+y^2=\mathbf{13}$$

(5)　$x>y$ より　$x=3,\ y=-2$

よって

C は　$26+3=\mathbf{29}$(点)

D は　$26-2=\mathbf{24}$(点)

y を消去すると

$x^2+(1-x)^2=13$

$x^2-x-6=0$

$(x-3)(x+2)=0$

$x=3,\ -2$

$x=3$ のとき　$y=-2$

$x=-2$ のとき　$y=3$

37

(1)　⓪　1回目の得点が7点，8点，9点の生徒の2回目の得点は，それぞれ8点，10点，9点であるから正しくない。

①　1回目の得点が5点以上の生徒は6人いるから正しくない。

②　1回目の得点が4点で，2回目の得点が5点の生徒がいるから正しくない。

③　2回目の得点が1回目の得点より小さい生徒は2人いるから正しい。

④　1回目の得点が2点で，2回目の得点が6点の生徒がいるから正しくない。

⑤　6点以上の得点をとった生徒は，1回目は3人，2回目は7人いるから正しい。

⑥　4点以下の得点をとった生徒は，1回目は14人，2回目は7人いるから正しくない。

よって，正しいのは　③，⑤

(2)　得点の度数分布表は次のようになる。

	1回目	2回目
0	2	0
1	1	2
2	1	0
3	2	3
4	8	2
5	3	6
6	0	4
7	1	0
8	1	1
9	1	1
10	0	1

第1四分位数は，得点の小さい方から5番目と6番目の平均値であり，第3四分位数は得点の大きい方から5番目と6番目の平均値である。最小値，中央値，最大値も含めてまとめると次のようになる。

	1回目	2回目
最小値	0	1
第1四分位数	3.0	3.5
中央値	4.0	5.0
第3四分位数	5.0	6.0
最大値	9	10

これらの値に対応する箱ひげ図は

1回目 …… ⓪　　2回目 …… ⑤

(3)　相関係数の値は

$$\frac{4.3}{\sqrt{5.0}\sqrt{5.0}}=\frac{4.3}{5.0}=\mathbf{0.86}$$

(注)　1回目の得点の分散は

$$\frac{1}{20}\{(0-4)^2\cdot 2+(1-4)^2\cdot 1+(2-4)^2\cdot 1+(3-4)^2\cdot 2$$
$$+(4-4)^2\cdot 8+(5-4)^2\cdot 3+(7-4)^2\cdot 1+(8-4)^2\cdot 1+(9-4)^2\cdot 1\}$$
$$=\frac{1}{20}(32+9+4+2+3+9+16+25)=5.0$$

2回目の得点の分散は

$$\frac{1}{20}\{(1-5)^2\cdot 2+(3-5)^2\cdot 3+(4-5)^2\cdot 2+(5-5)^2\cdot 6$$
$$+(6-5)^2\cdot 4+(8-5)^2\cdot 1+(9-5)^2\cdot 1+(10-5)^2\cdot 1\}$$
$$=\frac{1}{20}(32+12+2+0+4+9+16+25)=5.0$$

1 回目の得点が 4 点，または 2 回目の得点が 5 点である 10 人を除いた残りの 10 人について，1 回目の得点を x，2 回目の得点を y として，その平均値を $\overline{x}=4$，$\overline{y}=5$ とすると，次の表を得る。

x	y	$x-\overline{x}$	$y-\overline{y}$	$(x-\overline{x})(y-\overline{y})$	人数
0	1	-4	-4	16	2
1	3	-3	-2	6	1
2	6	-2	1	-2	1
3	6	-1	1	-1	1
5	6	1	1	1	2
7	8	3	3	9	1
8	10	4	5	20	1
9	9	5	4	20	1

よって，共分散は

$$\frac{1}{20}\left\{16\cdot2+6+(-2)+(-1)+1\cdot2+9+20+20\right\}=4.3$$

←1 回目が 4 点，または 2 回目が 5 点の場合 $(x-\overline{x})(y-\overline{y})$ の値は 0 になる。

(4)　変数変換 $Z=aY+b$ を行うことによって

・Z の分散は，Y の分散の a^2 倍　(⑤)

・Z の標準偏差は，Y の標準偏差の $\sqrt{a^2}=|a|$ 倍　(③)

・X と Z の共分散は，X と Y の共分散の a 倍　(①)

・X と Z の相関係数は，X と Y の相関係数の $\dfrac{a}{|a|}$ 倍　(⑧)
($a>0$ のときは 1 倍，$a<0$ のときは -1 倍)

38

(1)　中央値に注目すると

60 …… ⓪，③　　65 …… ①，②

⓪，③ ではデータの散らばりが ③ の方が大きいから，③ の方が標準偏差が大きいと考えられる。

⓪ …… B　　③ …… C

①，② ではデータの散らばりが ② の方が大きいから，② の方が標準偏差が大きいと考えられる。

① …… D　　② …… A

したがって

A組は ②　　C組は ③

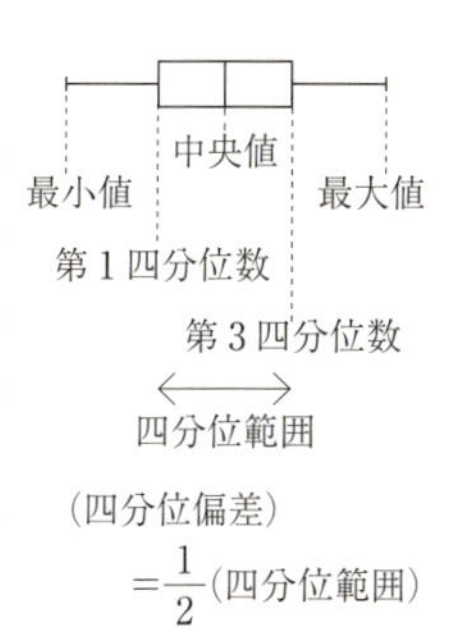

(四分位偏差)
$=\frac{1}{2}$(四分位範囲)

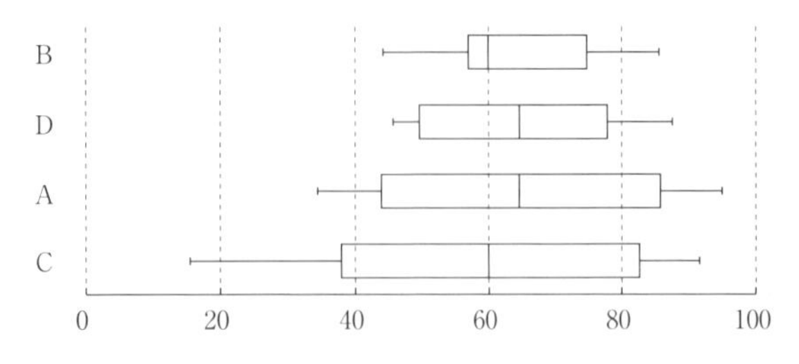

最小値が最も小さい組は　C（②）
第1四分位数が最も小さい組は　C（②）
第3四分位数が最も小さい組は　B（①）
最大値が最も大きい組は　A（⓪）
四分位範囲が最も小さい組は　B（①）

(2) Bは標準偏差が最も小さいことと人数が20人であることから，ヒストグラムは　⓪

Cは標準偏差が最も大きいことと人数が25人であることから，ヒストグラムは　③

←20人のデータのヒストグラムは⓪，②
25人のデータのヒストグラムは①，③

(3) B組とC組を合わせた45人の平均値は

$$\frac{64\cdot20+58\cdot25}{45}=\frac{182}{3}\fallingdotseq60.66\cdots\cdots\fallingdotseq\mathbf{60.7}$$

B組とC組は中央値がともに60であるから，B組の20人中，点数の小さい方から10番目と11番目の平均値が60点であり，C組の25人中，点数の小さい方から13番目の人の点数が60点である。したがって，B組とC組を合わせた45人中，点数の小さい方から23番目の人の点数は60点である。よって，中央値は60である（②）。

(4) B組の20人の点数を b_1，b_2，……，b_{20} とすると

$$\frac{1}{20}(b_1{}^2+b_2{}^2+\cdots\cdots+b_{20}{}^2)-64^2=12^2$$

←B組の分散。

$$\therefore\quad\frac{1}{20}(b_1{}^2+b_2{}^2+\cdots\cdots+b_{20}{}^2)=\mathbf{4240.0}$$

D組の25人の点数を d_1，d_2，……，d_{25} とすると

$$\frac{1}{25}(d_1{}^2+d_2{}^2+\cdots\cdots+d_{25}{}^2)-64^2=14^2$$

←D組の分散。

$$\therefore\quad\frac{1}{25}(d_1{}^2+d_2{}^2+\cdots\cdots+d_{25}{}^2)=\mathbf{4292.0}$$

B組，D組の合わせた45人の平均値は64であるから，分散は

$$\frac{1}{45}(4240\cdot20+4292\cdot25)-64^2=\frac{38420}{9}-4096$$

$$=172.88\cdots\cdots\fallingdotseq\mathbf{172.9}$$

39

(1)　仮平均を 45 として，45 からの差の平均を求めると

$$\frac{1}{10}\left\{0+7+2+4+6+14+10+(-4)+0+(-5)\right\}=3.4$$

よって，平均値 A は

$45+3.4=\mathbf{48.4}\ (\mathrm{cm})$

2 つのグループはともに 10 人であるから，20 人全員の平均値 M は

$$\frac{1}{2}(48.4+49.6)=\mathbf{49.0}\ (\mathrm{cm})$$

50 回以上が第 1 グループに 4 人，第 2 グループに 6 人，49 回以下が第 1 グループに 6 人，第 2 グループに 4 人いるから，20 人全員を回数の小さい順に並べたとき，10 番目が 49，11 番目が 50 になる。したがって，中央値は **49.5** (cm)。

(2)　第 2 グループの腹筋について，平均値 53 からの差を全部加えると

$$(\mathrm{B}-53)+3+(-15)+7+0+(-10)+(-3)+(\mathrm{C}-53)+3+13=0$$

よって，B，C の値の和は

$\mathrm{B}+\mathrm{C}=\mathbf{108}$

$\mathrm{B}>\mathrm{C}$ より，$\mathrm{B}\geqq 56$，$\mathrm{C}\leqq 52$ とすると，第 2 グループ 10 人の腹筋回数を小さい方から並べたとき，5 番目が 53，6 番目が 56 になり，中央値は $\frac{1}{2}(53+56)=54.5$ になるので適さない。

←38，43，50，53，56，56，60，66

$\mathrm{B}=55$，$\mathrm{C}=53$ とすると，中央値は $\frac{1}{2}(55+53)=54$ となり適する。よって，B の値は **55**，C の値は **53**。

(3)　最小値，第 1 四分位数，中央値，第 3 四分位数，最大値を表にまとめると

	第 1 グループ		第 2 グループ	
	垂直跳び	腹筋	垂直跳び	腹筋
最小値	40	40	45	38
第 1 四分位数	45	47	45	50
中央値	48	50.5	50	54
第 3 四分位数	52	56	52	56
最高値	59	60	59	66
箱ひげ図	②	①	③	⓪

よって，第 1 グループの垂直跳びの箱ひげ図は ②，腹筋の箱ひげ図は ①

(4)　2つのグループの垂直跳びについて，各値xを大きい方から並べ，偏差とその2乗を表にすると

第1グループ

x	$x-M$	$(x-M)^2$
59	10	100
55	6	36
52	3	9
51	2	4
49	0	0
47	−2	4
45	−4	16
45	−4	16
41	−8	64
40	−9	81
計	−6	**330**

第2グループ

x	$x-M$	$(x-M)^2$
59	10	100
52	3	9
52	3	9
50	1	1
50	1	1
50	1	1
48	−1	1
45	−4	16
45	−4	16
45	−4	16
計	6	170

よって，20人の垂直跳びの分散は

$$\frac{1}{20}(330+170)=25$$

であるから，標準偏差Sの値は

$$S=\sqrt{25}=\mathbf{5.0}\,(\text{回})$$

(5)　$t=1$のとき，$M-S=44$，$M+S=54$より

45以上，53以下は　**15**人

$t=2$のとき　$M-2S=39$，$M+2S=59$より

40以上，58以下は　**18**人

(6)　散布図より，弱い正の相関関係があると考えられるから，相関係数は0.3に近いと考えられる(**②**)。

←$M=49$，$S=5$

←$\frac{15}{20}=0.75$

←$\frac{18}{20}=0.9$

←実際に求めると0.2894……となる。

40

(1)　1回目の数学の得点について

平均値からの差を考えて

$$(-11)+(-3)+(-5)+10+4+(\mathrm{A}-65)+20+(-7)+(-4)+(-2)=0$$

$$\therefore\quad \mathrm{A}=\mathbf{63}$$

得点の小さい方から順に並べると

54，58，60，61，62，63，63，69，75，85

第1四分位数は，小さい方から3番目であるから　**60.0**点

第3四分位数は，大きい方から3番目であるから　**69.0**点

四分位偏差は　$\frac{1}{2}(69-60)=\mathbf{4.5}$(点)

(2)　B以外の得点を小さい方から並べると

48，51，55，57，58，63，68，69，83

Bを含めた10人の中央値は

$0 \leqq B \leqq 57$ のとき　$M=\frac{57+58}{2}=57.5$

$B=58$ のとき　$M=\frac{58+58}{2}=58$

$59 \leqq B \leqq 62$ のとき　$M=\frac{58+B}{2}$ （B=59，60，61，62の4通りある）

$63 \leqq B \leqq 100$ のとき　$M=\frac{58+63}{2}=60.5$

よって，M の値は**7**通りの値があり得る。

平均値Cが61.0より，平均値からの差を考えて

$(-4)+7+(-3)+8+(B-61)+(-13)+(-6)+22$
$+(-10)+2=0$

$\therefore$　B=**58**

中央値は　**58.0**点

(3)　I班の2回目の数学の得点を x，英語の得点を y とおき，その平均値をそれぞれ $\bar{x}=46$，$\bar{y}=51$ とすると，次の表を得る。

番号	x	y	$x-\bar{x}$	$y-\bar{y}$	$(x-\bar{x})(y-\bar{y})$
1	30	54	−16	3	−48
2	56	63	10	12	120
3	58	42	12	−9	−108
4	49	61	3	10	30
5	37	35	−9	−16	144
合計	230	255	0	0	138
平均値	46	51			27.6

x と y の共分散は　27.6

よって，相関係数は

$$\frac{27.6}{\sqrt{118}\sqrt{118}}=\frac{27.6}{118}=0.233\cdots\cdots \fallingdotseq \mathbf{0.23}$$

(4)　1回目の散布図は　**③**

2回目の散布図は　**⓪**

(5)　採点基準を変更した後のクラス全体の合計点は変わらないので，平均値は変更前と一致する（**①**）。また，得点の散らばりの度合いは大きくなるので，分散は変更前より増加する（**②**）。

41

当たりくじ（○）	4本
はずれくじ（×）	6本

(1)　くじの引き方は全部で ${}_{10}C_3=120$（通り）。このうち，当たりくじを1本，はずれくじを2本引く引き方は ${}_4C_1\cdot{}_6C_2=60$（通り）であるから

$$p_1=\frac{60}{120}=\frac{1}{2}$$

はずれくじを3本引くのは ${}_6C_3=20$（通り）であるから，余事象を考えると，当たりくじを少なくとも1本引く確率は

$$p_2=1-\frac{20}{120}=\frac{5}{6}$$

よって，当たりくじを引いたという条件のもとで，当たりくじが1本であるという条件付き確率は

$$\frac{p_1}{p_2}=\frac{3}{5}$$

(2)　箱からくじを1本引くとき

当たりくじを引く確率は　$\frac{4}{10}=\frac{2}{5}$

はずれくじを引く確率は　$\frac{6}{10}=\frac{3}{5}$

3回のうち，当たりくじを1回，はずれくじを2回引く確率は

$$q_1={}_3C_1\cdot\frac{2}{5}\left(\frac{3}{5}\right)^2=\frac{54}{125}\quad(③)$$

3回ともはずれくじを引く確率は

$$\left(\frac{3}{5}\right)^3=\frac{27}{125}$$

であるから，当たりくじを少なくとも1回引く確率は

$$q_2=1-\frac{27}{125}=\frac{98}{125}\quad(⑥)$$

(3)　・1回目に当たりくじを引くとき，2回目ははずれくじを2本引くので，その確率は

$$\frac{4}{10}\cdot\frac{{}_6C_2}{{}_{10}C_2}=\frac{2}{15}$$

・1回目にはずれくじを引くとき，2回目には当たりくじとはずれくじを1本ずつ引くので，その確率は

$$\frac{6}{10}\cdot\frac{{}_4C_1\cdot{}_6C_1}{{}_{10}C_2}=\frac{8}{25}$$

よって，当たりくじが1本だけである確率は

$$r_1=\frac{2}{15}+\frac{8}{25}=\frac{34}{75}\quad(⑦)$$

⬅くじはすべて異なるものと考える。

⬅余事象の確率。

⬅条件付き確率。

⬅反復試行の確率。
○××
×○×
××○

⬅○－×
　　×

⬅×－○
　　×

1回目にはずれくじを引き，2回目にはずれくじを2本引く確率は

$$\frac{6}{10}\cdot\frac{{}_6C_2}{{}_{10}C_2}=\frac{1}{5}$$

よって，当たりくじを少なくとも1本引く確率は

$$r_2=1-\frac{1}{5}=\frac{4}{5}\quad(②)$$

当たりくじを引いたという条件のもとで，当たりくじが1本だけであるという条件付き確率は

$$\frac{r_1}{r_2}=\frac{17}{30}\quad(③)$$

←×－×
×

(4)　$p_1=0.5$，$q_1=0.432$，$r_1=0.453\cdots\cdots$であるから

$p_1>r_1>q_1$　(①)

$p_2=0.833\cdots\cdots$，$q_2=0.784$，$r_2=0.8$であるから

$p_2>r_2>q_2$　(①)

42

(1)　A，Bそれぞれグー，チョキ，パーの3通りの手の出し方があるから，2人の手の出し方は計3^2通り。

Aが勝つ手の出し方は

(Aの出す手，Bの出す手)

＝(グー，チョキ)，(チョキ，パー)，(パー，グー)

の3通りある。

よって，Aが勝つ確率は

$$\frac{3}{3^2}=\frac{1}{3}\quad(⓪)$$

同様に，Bが勝つ確率も$\frac{1}{3}$であるから，2人で1回ジャンケンをしてどちらかが勝つ確率は　$\frac{1}{3}+\frac{1}{3}=\frac{2}{3}$

したがって，余事象を考えて，あいこになる確率は

$$1-\frac{2}{3}=\frac{1}{3}\quad(⓪)$$

←あいこになるのはA，B2人が同じ手を出すときであるから，確率は$\frac{3}{3^2}=\frac{1}{3}$

(2)　A，B，Cそれぞれグー，チョキ，パーの3通りの手の出し方があるから，3人の手の出し方は計3^3通り。

A1人だけが勝つ手の出し方は

(Aの出す手，Bの出す手，Cの出す手)

＝(グー，チョキ，チョキ)，(チョキ，パー，パー)，

(パー，グー，グー)

の3通りある。

よって，A 1人だけが勝つ確率は

$$\frac{3}{3^3}=\frac{1}{9}\quad(②)\qquad\cdots\cdots①$$

A，B 2人だけが勝つ手の出し方は

(Aの出す手，Bの出す手，Cの出す手)

＝(グー，グー，チョキ)，(チョキ，チョキ，パー)，

(パー，パー，グー)

の3通りである。

よって，A，B 2人だけが勝つ確率は

$$\frac{3}{3^3}=\frac{1}{9}\quad(②)\qquad\cdots\cdots②$$

⬅C 1人だけが負けるときであり，確率は①と同じ $\frac{1}{9}$

①と同様に，B，C 1人だけが勝つ確率もそれぞれ $\frac{1}{9}$

よって，1人だけが勝つ確率は $\frac{1}{9}+\frac{1}{9}+\frac{1}{9}=\frac{1}{3}$

②と同様に，B，C；C，A 2人だけが勝つ確率もそれぞれ $\frac{1}{9}$

よって，2人だけが勝つ確率は $\frac{1}{9}+\frac{1}{9}+\frac{1}{9}=\frac{1}{3}$

したがって，余事象を考えて，あいこになる確率は

$$1-\frac{1}{3}-\frac{1}{3}=\frac{1}{3}\quad(⓪)$$

⬅3人が同じ手を出す場合(3通り)と，3人3様の手を出す場合(3! 通り)に分けて考えてもよい。

(3) 4人の手の出し方は 3^4 通りある。

1人だけが勝つのは，勝者の選び方が ${}_4C_1$ 通り，手の出し方は3通りあるので，1人だけが勝つ確率は

$$\frac{{}_4C_1\cdot 3}{3^4}=\mathbf{\frac{4}{27}}$$

⬅勝者を選ぶ。手の出し方は3通り。

2人だけが勝つのは，勝者の選び方が ${}_4C_2$ 通り，手の出し方は3通りあるので，2人だけが勝つ確率は

$$\frac{{}_4C_2\cdot 3}{3^4}=\frac{2}{9}$$

3人が勝つのは，勝者の選び方が ${}_4C_3$ 通り，手の出し方は3通りあるので，3人が勝って1人が負ける確率は

$$\frac{{}_4C_3\cdot 3}{3^4}=\frac{4}{27}$$

したがって，余事象を考えると，あいこになる確率は

$$1-\left(\frac{4}{27}+\frac{2}{9}+\frac{4}{27}\right)=\mathbf{\frac{13}{27}}$$

(注)　n 人でジャンケンをするとき，手の出し方は全部で 3^n 通りある。このうち，勝負が決まるのは，n 人が2種の手を出す場合である。

2種の手の選び方が ${}_3C_2$ 通りあり，n 人の手の出し方は，(全員が同じ手を出す2通りを除いて) 2^n-2 通りある。

よって，勝負が決まる確率は

$$\frac{{}_3C_2(2^n-2)}{3^n}=\frac{2^n-2}{3^{n-1}}$$

余事象を考えると，あいこになる確率は

$$1-\frac{2^n-2}{3^{n-1}}=\frac{3^{n-1}-2^n+2}{3^{n-1}}$$

(4)　3回目のジャンケンで1人の勝者が決まるのは，次の3つの場合がある。

	1回目		2回目		3回目		
3人	アイコ →	3人	アイコ →	3人	1人勝つ →	1人	……(i)
3人	アイコ →	3人	2人勝つ →	2人	1人勝つ →	1人	……(ii)
3人	2人勝つ →	2人	アイコ →	2人	1人勝つ →	1人	……(iii)

(i)の確率は

$$\frac{1}{3}\cdot\frac{1}{3}\cdot\frac{1}{3}=\frac{1}{27}$$

(ii)の確率は

$$\frac{1}{3}\cdot\frac{1}{3}\cdot\frac{2}{3}=\frac{2}{27}$$

(iii)の確率は

$$\frac{1}{3}\cdot\frac{1}{3}\cdot\frac{2}{3}=\frac{2}{27}$$

(i)(ii)(iii)は排反であるから

$$\frac{1}{27}+\frac{2}{27}+\frac{2}{27}=\mathbf{\frac{5}{27}}$$

43

(1)　三角形の個数は

$${}_{12}C_3=\mathbf{220}\text{ (個)}$$

← P_1，P_2，……，P_{12} のうちどの3点も同一直線上にないから，異なる3点を選べば三角形ができる。

このうち，正三角形は

$\triangle P_1P_5P_9$，$\triangle P_2P_6P_{10}$，$\triangle P_3P_7P_{11}$，$\triangle P_4P_8P_{12}$

の4個。

直角二等辺三角形は一つの直径に対し2個ある。

← 直径が斜辺。

直径は P_1P_7，P_2P_8，P_3P_9，P_4P_{10}，P_5P_{11}，P_6P_{12} の 6 つあるから，直角二等辺三角形は

$2\cdot6=\mathbf{12}$ (個)

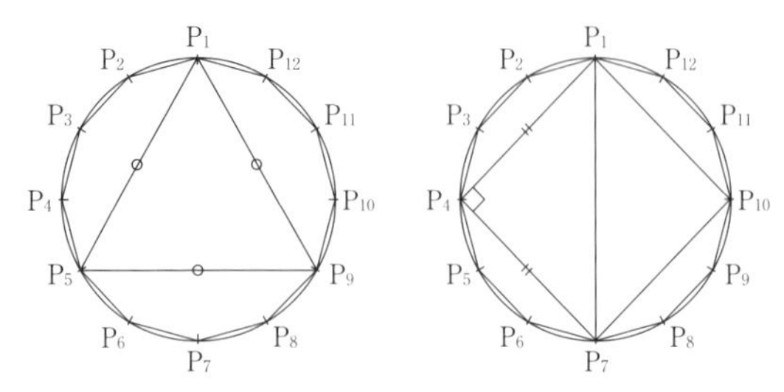

(2)　P_i ($i=1, 2, \cdots\cdots, 12$) を頂点とする二等辺三角形は(正三角形を除いて)4 個あるから，正三角形でない二等辺三角形は $4\cdot12=48$ (個)あり，確率は

$$\frac{48}{220}=\mathbf{\frac{12}{55}}$$

直角三角形の斜辺は円の直径であり，一つの直径に対して直角三角形(直角二等辺三角形も含めて)は 10 個あるから $10\cdot6=60$ (個)あり，確率は

$$\frac{60}{220}=\mathbf{\frac{3}{11}}$$

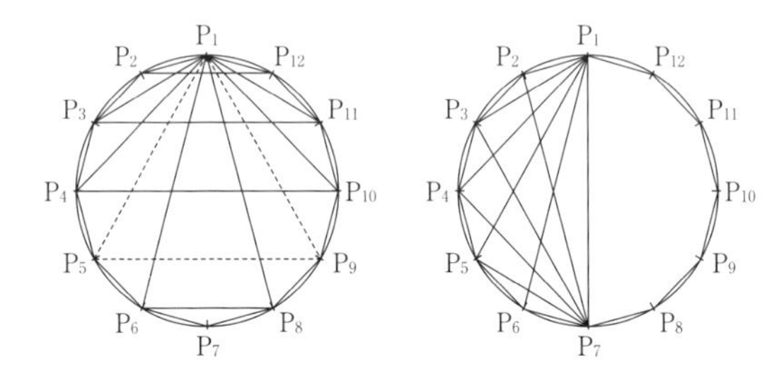

(3)　正三角形を含めた二等辺三角形は，(1)，(2)より

$48+4=52$ (個)

このうち，直角三角形は直角二等辺三角形であるから，(1)より 12 個ある。したがって，求める条件付き確率は

$$\frac{12}{52}=\mathbf{\frac{3}{13}}$$

←場合の数から条件付き確率を求める。

また，正三角形は 4 個であるから，求める条件付き確率は

$$\frac{4}{52}=\mathbf{\frac{1}{13}}$$

44

赤い玉をⓇ，青い玉をⒷ，白い玉をⓌで表す。

ⓇⓇ……5点　ⒷⒷ……3点　ⓌⓌ……1点

(1) 同じ色の組が2組あるとき

ⓇⓇⒷⒷ……8点

ⓇⓇⓌⓌ……6点

ⒷⒷⓌⓌ……4点

ⓌⓌⓌⓌ……2点

最大値は8，最小値は2

同じ色の組が1組のときは$X=5$，3，1であるから，Xのとり得る値は**7通り**。

←$X=0$になることはない。

(2) すべての取り出し方は

$${}_9C_4=\frac{9\cdot8\cdot7\cdot6}{4\cdot3\cdot2\cdot1}=126\text{（通り）}$$

$X=8$となるのはⓇⓇⒷⒷを取り出すときであるから

${}_2C_2\cdot{}_3C_2=1\cdot3=3$（通り）

よって

$$\frac{3}{126}=\mathbf{\frac{1}{42}}$$

(3) $X=5$となるのはⓇⓇⒷⓌを取り出すときであるから

${}_2C_2\cdot{}_3C_1\cdot{}_4C_1=1\cdot3\cdot4=12$（通り）

よって

$$\frac{12}{126}=\mathbf{\frac{2}{21}}$$

$X=3$となる取り出し方は

ⒷⒷⓇⓌ，ⒷⒷⒷⓇ，ⒷⒷⒷⓌ

の3つの場合がある。それぞれ

${}_3C_2\cdot{}_2C_1\cdot{}_4C_1=3\cdot2\cdot4=24$（通り）

${}_3C_3\cdot{}_2C_1=1\cdot2=2$（通り）

${}_3C_3\cdot{}_4C_1=1\cdot4=4$（通り）

であるから

$$\frac{24+2+4}{126}=\mathbf{\frac{5}{21}}$$

(4) $X=1$となる取り出し方は

ⓌⓌⓇⒷ，ⓌⓌⓌⓇ，ⓌⓌⓌⒷ

の3つの場合がある。それぞれ

${}_4C_2\cdot{}_2C_1\cdot{}_3C_1=\frac{4\cdot3}{2\cdot1}\cdot2\cdot3=36$（通り）

${}_4C_3\cdot{}_2C_1=4\cdot2=8$（通り）

$$ {}_4C_3 \cdot {}_3C_1 = 4 \cdot 3 = 12 \text{（通り）} $$

であるから，確率は

$$ \frac{36+8+12}{126} = \frac{56}{126} = \mathbf{\frac{4}{9}} $$

$X=1$ である条件の下で，取り出される玉の色が3色である条件付き確率は

$$ \frac{36}{36+8+12} = \frac{36}{56} = \mathbf{\frac{9}{14}} $$

45

(1)　A を通るのは，硬貨を3回投げて表が2回，裏が1回出るときであるから，確率は

$$ {}_3C_2\left(\frac{1}{2}\right)^2 \cdot \frac{1}{2} = \mathbf{\frac{3}{8}} \quad \cdots\cdots ① $$

← 4回目以降は考えなくてよい。

B を通るのは，硬貨を7回投げて表が4回，裏が3回出るときであるから，確率は

$$ {}_7C_4\left(\frac{1}{2}\right)^4\left(\frac{1}{2}\right)^3 = \mathbf{\frac{35}{128}} \quad \cdots\cdots ② $$

← 8回目は考えなくてよい。

A も B も通るのは，硬貨を7回投げて3回目までに表が2回，裏が1回出て，残り4回で表が2回，裏が2回出るときであるから

$$ {}_3C_2\left(\frac{1}{2}\right)^2 \cdot \frac{1}{2} \cdot {}_4C_2\left(\frac{1}{2}\right)^2\left(\frac{1}{2}\right)^2 = \mathbf{\frac{9}{64}} \quad \cdots\cdots ③ $$

A を通り，B を通らない確率は，①，③より

$$ \frac{3}{8} - \frac{9}{64} = \mathbf{\frac{15}{64}} \quad \cdots\cdots ④ $$

A を通るか，または B を通る確率は，②，④より

$$ \frac{35}{128} + \frac{15}{64} = \frac{65}{128} \quad \cdots\cdots ⑤ $$

よって，A も B も通らない確率は

$$ 1 - \frac{65}{128} = \mathbf{\frac{63}{128}} $$

A：A を通る事象
B：B を通る事象

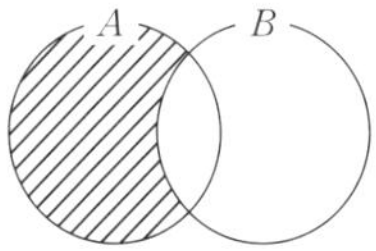

$P(A \cap \overline{B})$
$= P(A) - P(A \cap B)$
$P(A \cup B)$
$= P(A \cap \overline{B}) + P(B)$

(2)　A を通るとき，B を通る条件付き確率は，A に到達した後の4回目から7回目までの4回で表が2回，裏が2回出るときであるから

$$ {}_4C_2\left(\frac{1}{2}\right)^2\left(\frac{1}{2}\right)^2 = \mathbf{\frac{3}{8}} $$

A を通るという条件の下での条件付き確率。

$$ P_A(B) = \frac{P(A \cap B)}{P(A)} = \frac{\frac{9}{64}}{\frac{3}{8}} = \frac{3}{8} $$

Bを通るとき，Aを通る条件付き確率は，②，③より

$$\frac{\frac{9}{64}}{\frac{35}{128}}=\mathbf{\frac{18}{35}}$$

←Bを通るという条件の下での条件付き確率。

$$P_B(A)=\frac{P(A\cap B)}{P(B)}$$

46

(1)　3回とも赤い玉を取り出す確率は

$$\left(\frac{2}{6}\right)^3=\mathbf{\frac{1}{27}}$$

白，青，赤の順に取り出す確率は

←青い玉は戻さない。

$$\frac{2}{6}\cdot\frac{2}{6}\cdot\frac{2}{5}=\mathbf{\frac{2}{45}}$$

青，青，赤の順に取り出す確率は

$$\frac{2}{6}\cdot\frac{1}{5}\cdot\frac{2}{4}=\mathbf{\frac{1}{30}}$$

青，赤，青の順に取り出す場合と，赤，青，青の順に取り出す場合も考えて，2回青，1回赤を取り出す確率は

←赤い玉を何回目に取り出すかで分けて考える。

$$\frac{1}{30}+\frac{2}{6}\cdot\frac{2}{5}\cdot\frac{1}{5}+\frac{2}{6}\cdot\frac{2}{6}\cdot\frac{1}{5}=\mathbf{\frac{37}{450}}$$

(2)　2回目に1の玉を取り出す確率は，1回目に取り出した玉の色が赤または白と青の場合でそれぞれ

R₁ R₁
W₁ W₂
B₂ B₂

$$\frac{4}{6}\cdot\frac{3}{6}=\frac{1}{3},\quad \frac{2}{6}\cdot\frac{3}{5}=\frac{1}{5}$$

よって

$$\frac{1}{3}+\frac{1}{5}=\mathbf{\frac{8}{15}}$$

3回とも2である確率は，1回目，2回目の色について

(白，白)，(白，青)，(青，白)，(青，青)

の4つの場合があり，それぞれ

←例えば，(白，青)のときは

1回目 W_2 …… $\frac{1}{6}$

2回目 B_2 …… $\frac{2}{6}$

3回目 W_2 または B_2 …… $\frac{2}{5}$

$$\frac{1}{6}\cdot\frac{1}{6}\cdot\frac{3}{6}=\frac{1}{72},\quad \frac{1}{6}\cdot\frac{2}{6}\cdot\frac{2}{5}=\frac{1}{45},$$

$$\frac{2}{6}\cdot\frac{1}{5}\cdot\frac{2}{5}=\frac{2}{75},\quad \frac{2}{6}\cdot\frac{1}{5}\cdot\frac{1}{4}=\frac{1}{60}$$

よって

$$\frac{1}{72}+\frac{1}{45}+\frac{2}{75}+\frac{1}{60}=\mathbf{\frac{143}{1800}}$$

47

(1)　(i)　同じ数字3つのとき　(1, 1, 1) の1通り

(ii)　同じ数字2つと異なる数字1つのとき

$_3P_2=3\cdot2=6$(通り)

←(1, 1, 2), (1, 1, 3), (2, 2, 1), (2, 2, 3), (3, 3, 1), (3, 3, 2) の6通り。

(iii)　異なる数字3つのとき　(1, 2, 3) の1通り

(i)(ii)(iii)より数字の組合せは

$1+6+1=\mathbf{8}$(通り)

3桁の整数は, 上の(i), (ii), (iii)のそれぞれについて

(i)は　1通り

(ii)は　それぞれ3通りずつあるから　$6\times3=18$(通り)

←(1, 1, 2) なら 112, 121, 211

(iii)は　$3!=6$(通り)

よって　$1+18+6=\mathbf{25}$(通り)

(2)　8枚のカードから3枚のカードを取り出すすべての場合の数は

$$_8C_3=\frac{8\cdot7\cdot6}{3\cdot2\cdot1}=56\text{(通り)}$$

←カードをすべて区別する。取り出した3枚の順序は考えない。

これらは同様に確からしい。

Aは3枚のカードがすべて1の場合であり

$_4C_3=4$(通り)

の取り出し方があるので

$$P(A)=\frac{4}{56}=\mathbf{\frac{1}{14}}$$

Cは3枚のカードが1, 2, 3の場合であり

$_4C_1\cdot{}_2C_1\cdot{}_2C_1=16$(通り)

の取り出し方があるので

$$P(C)=\frac{16}{56}=\mathbf{\frac{2}{7}}$$

余事象を考えて

$$P(B)=1-\left(\frac{1}{14}+\frac{2}{7}\right)=\mathbf{\frac{9}{14}}$$

←Bが起こる確率は余事象を考える。

また, 数字の和が4以下になるのは

$3=1+1+1$, $4=1+1+2$

の場合であり

和が3になるのは　$_4C_3=4$(通り)

和が4になるのは　$_4C_2\cdot{}_2C_1=12$(通り)

の取り出し方があるので

$$P(D)=\frac{4+12}{56}=\mathbf{\frac{2}{7}}$$

事象$B\cap D$は, 和が4になる場合で, 数字1を2枚, 数字2を1

枚取り出すから12（通り）の取り出し方があるので

$$P(B\cap D)=\frac{12}{56}=\frac{3}{14}$$

←$P(D\cap B)=P(B\cap D)=\frac{3}{14}$

よって

$$P_D(B)=\frac{P(D\cap B)}{P(D)}=\frac{\frac{3}{14}}{\frac{2}{7}}=\mathbf{\frac{3}{4}}$$

←条件付き確率。

(3)　E_1は1回目に数字1のカードを取り出す場合であるから

$$P(E_1)=\frac{4}{8}=\frac{1}{2}$$

E_2は2回目に数字1のカードを取り出す場合であり，1回目はどのカードを取り出してもよいので

←2回目は4通り，1回目は7通りある。

$$P(E_2)=\frac{4\cdot 7}{8\cdot 7}=\mathbf{\frac{1}{2}}$$

$E_1\cap E_2$は，1回目，2回目ともに数字1のカードを取り出す場合であるから

$$P(E_1\cap E_2)=\frac{4\cdot 3}{8\cdot 7}=\frac{3}{14}$$

よって

$$\begin{aligned}P(E_1\cup E_2)&=P(E_1)+P(E_2)-P(E_1\cap E_2)\\&=\frac{1}{2}+\frac{1}{2}-\frac{3}{14}\\&=\mathbf{\frac{11}{14}}\end{aligned}$$

←加法定理。

したがって

$$\begin{aligned}P(\overline{E_1}\cap\overline{E_2})&=P(\overline{E_1\cup E_2})=1-P(E_1\cup E_2)\\&=1-\frac{11}{14}=\mathbf{\frac{3}{14}}\end{aligned}$$

←$\overline{E_1}$はE_1の余事象。$\overline{E_2}$はE_2の余事象。

（注）　$\overline{E_1}\cap\overline{E_2}$は，1回目も2回目も数字1のカードを取り出さない場合であるから

$$P(\overline{E_1}\cap\overline{E_2})=\frac{4\cdot 3}{8\cdot 7}=\frac{3}{14}$$

また，Fは(2)のDの場合と同様に考えて，カードを取り出す順が

(1, 1, 1)，(1, 1, 2)，(1, 2, 1)，(2, 1, 1)

の4つの場合があるので

解説

$$P(F)=\frac{4\cdot3\cdot2+4\cdot3\cdot2\times3}{8\cdot7\cdot6}$$

$$=\mathbf{\frac{2}{7}}$$

←(1, 1, 2), (1, 2, 1), (2, 1, 1) の取り出し方は，いずれも 4·3·2 通り。

事象 $F\cap\overline{E_3}$ は，カードを (1, 1, 2) の順に取り出す場合であるから

$$P(F\cap\overline{E_3})=\frac{4\cdot3\cdot2}{8\cdot7\cdot6}=\frac{1}{14}$$

よって

$$P_F(\overline{E_3})=\frac{P(F\cap\overline{E_3})}{P(F)}=\frac{\frac{1}{14}}{\frac{2}{7}}=\mathbf{\frac{1}{4}}$$

←条件付き確率。

(注) $P(E_1)=P(E_2)=P(E_3)=\frac{1}{2}$ である。

48

P が A_1, A_2, A_3, A_5, A_6 の位置にあるとき，どの方向に移動する確率も $\frac{1}{3}$，O の位置にあるとき，どの方向に移動する確率も $\frac{1}{6}$

→……$\frac{1}{3}$
⇢……$\frac{1}{6}$

(1)　2 回の移動で A_3 の位置にある確率は

$$\frac{1}{3}\cdot\frac{1}{3}+\frac{1}{3}\cdot\frac{1}{6}=\mathbf{\frac{1}{6}}$$

O の位置にある確率は

$$\left(\frac{1}{3}\cdot\frac{1}{3}\right)\cdot2=\mathbf{\frac{2}{9}}$$

(2)　3 回の移動で A_3 の位置に移動する確率は

$$\left(\frac{1}{3}\cdot\frac{1}{3}\cdot\frac{1}{6}\right)\cdot3=\mathbf{\frac{1}{18}}$$

O の位置にある確率は

$$\left(\frac{1}{3}\cdot\frac{1}{3}\cdot\frac{1}{3}\right)\cdot4+\left(\frac{1}{3}\cdot\frac{1}{6}\cdot\frac{1}{3}\right)\cdot5=\mathbf{\frac{13}{54}}$$

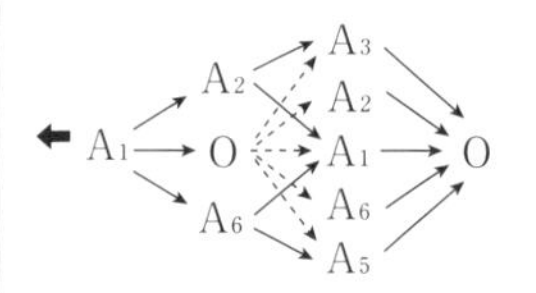

(3)　1 回，2 回および 3 回の移動で O の位置に移動する確率は

$$\frac{1}{3}+\frac{2}{9}+\frac{13}{54}=\frac{43}{54}$$

←A_4の位置に到達する 1 つ前の点で分ける。

2 回または 3 回の移動で A_3 の位置に移動する確率は

$$\frac{1}{6}+\frac{1}{18}=\frac{2}{9}$$

2回または3回の移動で A_5 の位置に移動する確率も $\frac{2}{9}$ より，4回以内の移動で A_4 の位置に到達する確率は

$$\frac{43}{54}\cdot\frac{1}{6}+\left(\frac{2}{9}\cdot\frac{1}{3}\right)\cdot 2=\mathbf{\frac{91}{324}}$$

(4)　3回目にOの位置にあって，4回目に A_4 に到達する確率は

$$\frac{13}{54}\cdot\frac{1}{6}=\frac{13}{324}$$

であるから，求める条件付き確率は

$$\frac{\frac{13}{324}}{\frac{91}{324}}=\mathbf{\frac{1}{7}}$$

49

(1)　N の正の約数は $2^a\cdot3^b\cdot7^c$ の形で表され，a は0～5の6通り，b は0～4の5通り，c は0～2の3通りの値をとることができるから，約数の個数は

$6\cdot5\cdot3=\mathbf{90}$(個)

←$N=p^l\cdot q^m\cdot r^n$ のとき，約数の個数は $(l+1)(m+1)(n+1)$ 個

約数が偶数になるとき，a は1～5の5通り，b は0～4の5通り，c は0～2の3通りの値をとることができるから

←素因数2を少なくとも1個含む。

$5\cdot5\cdot3=\mathbf{75}$(個)

約数が21(=3·7)の倍数になるとき，a は0～5の6通り，b は1～4の4通り，c は1，2の2通りの値をとることができるから

←素因数3，7をそれぞれ少なくとも1個含む。

$6\cdot4\cdot2=\mathbf{48}$(個)

約数が3と互いに素になるのは，3の倍数でないときで，a は0～5の6通り，b は0の1通り，c は0～2の3通りの値をとることができるから

←素因数3を含まない。

$6\cdot1\cdot3=\mathbf{18}$(個)

(2)　平方数になるのは素因数の指数がすべて偶数のときであるから，$2^a\cdot3^b\cdot7^c$ の形で表され，a は0，2，4の3通り，b は0，2，4の3通り，c は0，2の2通りの値をとることができるから

$3\cdot3\cdot2=\mathbf{18}$(個)

最小の平方数は $2^0\cdot3^0\cdot7^0=\mathbf{1}$ であり，2番目に小さい平方数は $2^2\cdot3^0\cdot7^0=\mathbf{4}$，最大の平方数は $2^4\cdot3^4\cdot7^2$

←$2^4\cdot3^4\cdot7^2=63504$

(3)　N と M の最大公約数は $2^3\cdot3^4$（⑦），最小公倍数は $2^5\cdot3^5\cdot5^2\cdot7^2$（⑨）

(4)　N と L の最大公約数が $3^3\cdot7$ であるとき，L は $3^3\cdot7$ の倍数であり，2を素因数にもたず，3^4 や 7^2 では割り切れない。また，L は

3と7以外の素因数をもつ場合が考えられる。

したがって，誤っているものは ①，④

(5) ⓪ 1とNの最大公約数は1，最小公倍数は$2^5\cdot3^4\cdot7^2$であるから⓪は正しい。

⬅$K=1$のとき。

① 最大公約数と最小公倍数がともに$2^5\cdot3^4\cdot7^2$になるのは，$K=N$のときに限るので①は正しくない。

② 2^6とNの最大公約数は2^5，最小公倍数は$2^6\cdot3^4\cdot7^2$であるから②は正しい。

⬅$K=2^6$のとき。

③ 最小公倍数が$2^5\cdot3^5\cdot7^2$となるのは，Kが3^5の倍数のときであり，このとき，最大公約数は3^4になるので正しくない。

したがって，正しくないのは ①，③

(注) $N=2^5\cdot3^4\cdot7^2=127008$

50

条件(ii)より

$\mathrm{A}=\mathbf{225}a$，$\mathrm{B}=225b$ （a，bは互いに素な自然数）

とおくと

$225ab=1350$ $\therefore$ $ab=\mathbf{6}$

⬅$abG=L$

$a>b$より

$(a,\ b)=(6,\ 1)$，$(3,\ 2)$

条件(i)より

$\mathrm{A}=\mathbf{45}a'$，$\mathrm{B}=45b'$，$\mathrm{C}=45c'$

（a'，b'，c'は最大公約数が1である自然数）

とおくと

$45a'=225a$，$45b'=225b$

$\therefore$ $a'=\mathbf{5}a$，$b'=5b$

よって

$(a',\ b')=(30,\ 5)$，$(15,\ 10)$

条件(iii)より，B，Cの最小公倍数が

$3150=45\cdot\mathbf{70}=2\cdot3^2\cdot5^2\cdot7$

であり，Bは7の倍数ではないから，Cが7の倍数である。

⬅$225=3^2\cdot5^2$からc'が7の倍数。

$a'>b'>c'$より

$a'=15$，$b'=10$，$c'=\mathbf{7}$

このとき，(i)～(iii)を満たすから

$\mathrm{A}=45\cdot15=\mathbf{675}$

$\mathrm{B}=45\cdot10=\mathbf{450}$

$\mathrm{C}=45\cdot7=\mathbf{315}$

51

①から

$$(x+6)(y+10)=91 \quad (⓪，①，④)$$

$x+6$, $y+10$ は 91 の約数であるから

$x+6$	1	7	13	91	-1	-7	-13	-91
$y+10$	91	13	7	1	-91	-13	-7	-1

x	-5	1	7	85	-7	-13	-19	-97
y	81	3	-3	-9	-101	-23	-17	-11

←$91=7\cdot13$ から 91 の約数は
±1, ±7, ±13, ±91

よって，①を満たす x, y の組は **8** 個ある。

次に

$$6x^2-7xy+2y^2=(\mathbf{2}x-y)(\mathbf{3}x-\mathbf{2}y)$$

←たすきがけ。
$\begin{matrix}2 & \times & -1\\ 3 & & -2\end{matrix}$

であるから，②の左辺を

$$6x^2-7xy+2y^2+2x-2y+1$$
$$=(2x-y+k)(3x-2y+l)+m$$

とおいて，両辺の係数を比較すると

←右辺を展開する。

x の係数 …… $3k+2l=2$

y の係数 …… $-2k-l=-2$

定数項 …… $kl+m=1$

これを解いて

$$k=2,\ l=-2,\ m=5$$

よって，②を変形すると

$$(2x-y+\mathbf{2})(3x-2y-\mathbf{2})=\mathbf{-5}$$

となる。

x, y が整数のとき，$2x-y+2$, $3x-2y-2$ も整数であるから

$2x-y+2$	1	5	-1	-5
$3x-2y-2$	-5	-1	5	1

←-5 の約数は
±1, ±5

よって

$$(x,\ y)=(1,\ 3),\ (5,\ 7),\ (-13,\ -23),\ (-17,\ -27)$$

の **4** 個ある。

したがって，①，②をともに満たすものは

$$(x,\ y)=(\mathbf{1},\ \mathbf{3}),\ (\mathbf{-13},\ \mathbf{-23})$$

52

(1)　$N=\mathbf{5}x+\mathbf{3}=\mathbf{7}y+\mathbf{6}$

から

$$5x-7y=3 \quad \cdots\cdots①$$

$x=\mathbf{2}$, $y=\mathbf{1}$ は①を満たすから

$$5\cdot2-7\cdot1=3 \quad \cdots\cdots①'$$

←①より
$x=1$　のとき　$y=\dfrac{2}{7}$
$x=2$　のとき　$y=1$

①－①′ より

$$5(x-2)-7(y-1)=0$$

$$\therefore\ \ 5(x-2)=7(y-1)$$

5 と 7 は互いに素であるから

$$\begin{cases} x-2=7k \\ y-1=5k \end{cases} \quad \therefore \quad \begin{cases} x=\mathbf{7}k+\mathbf{2} \\ y=\mathbf{5}k+\mathbf{1} \end{cases} \quad (k\text{ は整数})$$

よって

$$N=5(7k+2)+3=35k+13$$

と表されるから，N を 35 で割った余りは　**13**

(2)　$N=\mathbf{35}z+13=\mathbf{19}w+\mathbf{14}$

から

$$35z-19w=1 \qquad \cdots\cdots②$$

ユークリッドの互除法を用いると

$35=19\cdot1+16$　より　$16=35-19$

$19=16\cdot1+3$　より　$3=19-16$

$16=3\cdot5+1$　より　$1=16-3\cdot5$

←②を満たす 1 組の z，w をユークリッドの互除法を利用して求める。

よって

$$\begin{aligned} 1&=16-(19-16)\cdot5 \\ &=16\cdot6-19\cdot5 \\ &=(35-19)\cdot6-19\cdot5 \\ &=35\cdot6-19\cdot11 \end{aligned}$$

となるから，$z=6$，$w=11$ は②を満たす。②から

$$35(z-6)-19(w-11)=0$$

$$\therefore\ \ 35(z-6)=19(w-11)$$

35 と 19 は互いに素であるから

$$\begin{cases} z-6=19l \\ w-11=35l \end{cases} \quad \therefore \quad \begin{cases} z=\mathbf{19}l+\mathbf{6} \\ w=\mathbf{35}l+\mathbf{11} \end{cases} \quad (l\text{ は整数})$$

よって

$$N=35(19l+6)+13=665l+223$$

と表されるから，N を 665 で割った余りは　**223**

53

(1)　$5x+7y=83 \qquad \cdots\cdots①$

①を満たす正の整数 x，y の組で，x の値が最小のものは

$$x=4,\ y=\mathbf{9}$$

←$x=1$ のとき　$y=\dfrac{78}{7}$

$x=2$ のとき　$y=\dfrac{73}{7}$

$x=3$ のとき　$y=\dfrac{68}{7}$

であるから

$$5\cdot4+7\cdot9=83 \qquad \cdots\cdots①'$$

①－①′ より

$$5(x-4)+7(y-9)=0$$
$$5(x-4)=-7(y-9)$$

5 と 7 は互いに素であるから

$$\begin{cases} x-4=7k \\ y-9=-5k \end{cases} \quad (k：整数)$$

と表される。よって，①の解は

$$x=7k+4,\ y=-5k+9$$

と表される。

$$xy=(7k+4)(-5k+9)$$

より，$xy>0$ となるのは

$$(7k+4)(5k-9)<0$$
$$\therefore\quad -\frac{4}{7}<k<\frac{9}{5}$$

これを満たす整数 k は，0，1 の 2 個存在する。（②）

$xy<0$ となるのは，$k\neq0$，1 より無数に存在する。（④）

←$xy=0$ となる整数 k は存在しない。

xy を $f(k)$ とおくと

$$f(k)=(7k+4)(-5k+9)$$
$$f(0)=36,\ f(1)=44,\ f(2)=-18,\ f(-1)=-42$$

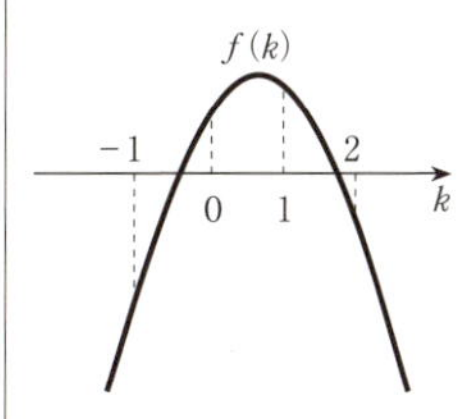

$k\leqq-1$ のとき

$$f(k)\leqq f(-1)$$

$k\geqq2$ のとき

$$f(k)\leqq f(2)$$

となるから，$|xy|$，すなわち $|f(k)|$ が最小になるのは $k=2$ のときで

$$x=18,\ y=-1$$

最小値は　18

(2)　$5x+7y=83m$　……②

①′ の両辺に m をかけると

$$5\cdot4m+7\cdot9m=83m \quad ……②'$$

②−②′ より

$$5(x-4m)+7(y-9m)=0$$
$$\therefore\quad 5(x-4m)=-7(y-9m)$$

5 と 7 は互いに素であるから

$$\begin{cases} x-4m=7l \\ y-9m=-5l \end{cases} \quad (l：整数)$$

と表される。よって，②の解は

$$x=7l+4m,\ y=-5l+9m$$

このとき

$xy=(7l+4m)(-5l+9m)$

$xy>0$ となるとき

$(7l+4m)(5l-9m)<0$

$-\frac{4}{7}m<l<\frac{9}{5}m$ ……③

m	1	2	3	……
$-\frac{4}{7}m$	$-\frac{4}{7}$	$-\frac{8}{7}$	$-\frac{12}{7}$	……
$\frac{9}{5}m$	$\frac{9}{5}$	$\frac{18}{5}$	$\frac{27}{5}$	……
③を満たす整数 l	0，1	−1，0，1，2，3	−1，0，1，2，3，4，5	……

より，②を満たす整数 x，y の組が5個になるのは

$m=2$

←$m \geqq 3$ のとき③を満たす整数 l は7個以上ある。

このとき，②を満たす整数 x，y の組は

$x=7l+8$，$y=-5l+18$

であるから

l	−1	0	1	2	3
x	1	8	15	22	29
y	23	18	13	8	3
xy	23	144	195	176	87

この5組のうち，xy の値が最大になるのは

$x=15$，$y=13$

のときで，最大値は　**195**

これら5組のうち，互いに素であるのは

$(x,\ y)=(1,\ 23)$，$(15,\ 13)$，$(29,\ 3)$

の3個。（③）

54

〔1〕

(1)　$n=3k-1$ のとき

$n=3(k-1)+2$ より n を3で割った余りは　**2**

$n=3k-2$ のとき

$n=3(k-1)+1$ より n を3で割った余りは　**1**

$n=3k-1$ のとき

$$n^2=9k^2-6k+1=3(3k^2-2k)+1 \quad (①)$$

← $3k^2-2k$ は整数であるから，3で割った余りは1

$n=3k-2$ のとき

$$n^2=9k^2-12k+4=3(3k^2-4k)+4$$
$$=3(3k^2-4k+1)+1 \quad (④)$$

← $3k^2-4k+1$ は整数であるから，3で割った余りは1

よって，n^2 を3で割った余りは1である。(①)

(2)　$a^2+b^2=c^2$ を満たす自然数 a，b，c について，a，b がともに3で割り切れない自然数とすると，(1)より，a^2+b^2 は3で割ると2余る自然数であり，c^2 を3で割ると余りは0または1であるから，矛盾する。したがって，a，b の少なくとも一方は3の倍数である。

⓪　正しい。

①　誤り(反例は $a=9$，$b=12$，$c=15$ など)。

②，③　正しい。

④　誤り(反例は $a=3$，$b=4$，$c=5$ など)。

⑤　正しい(a，b の少なくとも一方は3の倍数であるから，c が3の倍数であるならば，a，b ともに3の倍数になる)。

⑥　正しい(b が3の倍数であり，c は3の倍数でない)。

⑦　正しい(a，b の少なくとも一方は3の倍数であるから，c が3の倍数でないならば，a，b の一方だけが3の倍数である)。

したがって，誤っているものは　①，④

〔2〕

(1)　$n=2k-1$ のとき

$$n^2=4k^2-4k+1=4k(k-1)+1$$

$k-1$，k は連続する整数であるから，どちらか一方は偶数であり，$4k(k-1)$ は8の倍数である。

← $k-1$ と k の一方は偶数。

n^2 を16で割って余りが1となるのは，$k-1$，k の一方が4の倍数であるときであるから，k は4の倍数か，または4で割ると1余る数である。(⑤，⑥)

(2)　$a^2+b^2=c^2$ を満たす自然数 a，b，c について，a，b がともに奇数とすると，(1)より，a^2+b^2 は4で割ると2余る数であり，c^2 を4で割ると余りは0または1であるから，$a^2+b^2=c^2$ を満たす自然数 c は存在しない。したがって，a，b の少なくとも一方は偶数である。

⓪　正しい。

①　誤り(反例は $a=6$，$b=8$，$c=10$ など)。

②，③　正しい。

④　誤り(b は偶数)。

⑤　誤り(反例は $a=4$，$b=3$，$c=5$ など)。

⑥ 正しい。

⑦ 正しい。

したがって，誤っているものは ⓪，④，⑤

55

$$N=abc_{(4)}=a\cdot 4^2+b\cdot 4+c$$
$$N=def_{(6)}=d\cdot 6^2+e\cdot 6+f$$

から

$$16a+4b+c=36d+6e+f \quad \cdots\cdots①$$

条件より

$$a+b+c=d+e+f \quad \cdots\cdots②$$

①−②から

$$15a+3b=35d+5e$$
$$\therefore \quad 3b=5(7d+e-3a) \quad \cdots\cdots③$$

b は5の倍数であるから $b=0$，このとき③より

⬅$0\leqq b\leqq 3$

$$3a=7d+e$$

$7\leqq 7d+e\leqq 40$ から

⬅$1\leqq a\leqq 3$

$$3a=9 \qquad \therefore \quad a=3$$

このとき，$7d+e=9$ より $d=1$，$e=2$ であり，②より

$$c=f=0,\ 1,\ 2,\ 3$$

したがって，題意を満たす N は4個あり，最大のものは $c=3$ のときで $N=51$，最小のものは $c=0$ のときで $N=48$

⬅$N=3\cdot 4^2+0\cdot 4+c$
$=48+c$

56

$$20_{(4)}=2\cdot 4+0=8$$
$$331_{(4)}=3\cdot 4^2+3\cdot 4+1=61$$
$$203_{(4)}=2\cdot 4^2+0\cdot 4+3=35$$

であるから

$$8x^2-61x+35=0$$
$$(x-7)(8x-5)=0$$
$$\therefore \quad a=7,\ b=\frac{5}{8}$$

よって

$$a=12_{(5)}$$

⬅ 5)7
1 … 2

であり

$$7=111_{(2)}$$
$$\frac{5}{8}=\frac{1}{2}+\frac{0}{4}+\frac{1}{8}=0.101_{(2)}$$

であるから

$a+b=\mathbf{111.101}_{(2)}$

また，$ab=\dfrac{35}{8}=4+\dfrac{3}{8}$ であり

$4=10_{(4)}$

$\dfrac{3}{8}=\dfrac{1}{4}+\dfrac{2}{4^2}=0.12_{(4)}$

であるから

$ab=\mathbf{10.12}_{(4)}$

57

(1)

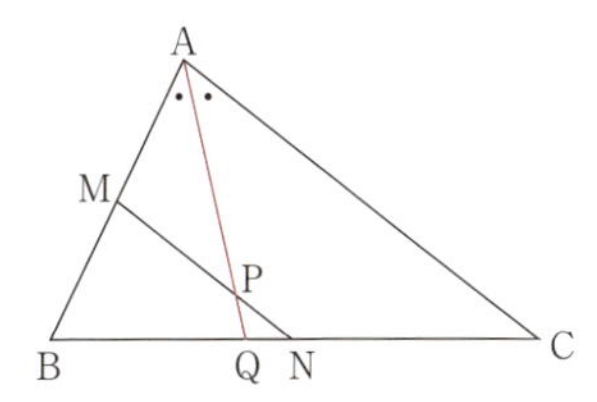

BN=CN であるから $\mathrm{BN}=\dfrac{1}{2}a$ (⓪)である。

AQ は∠BAC の二等分線であるから

$\dfrac{\mathrm{BQ}}{\mathrm{QC}}=\dfrac{\mathrm{AB}}{\mathrm{AC}}=\dfrac{2}{3}$ であり　$\mathrm{BQ}=\dfrac{2}{5}a$　(⑥)

←角の二等分線の性質。

よって

$\mathrm{NQ}=\mathrm{BN}-\mathrm{BQ}=\left(\dfrac{1}{2}-\dfrac{2}{5}\right)a=\dfrac{1}{10}a$　(⑦)

ゆえに

$\dfrac{\mathrm{NQ}}{\mathrm{BQ}}=\dfrac{\frac{1}{10}a}{\frac{2}{5}a}=\dfrac{1}{4}$　(③)

(2)　(i)(ii)　AM=MB，CN=NB より，中点連結定理(②)を用いると

$\mathrm{MN}\parallel\mathrm{AC}$，$\mathrm{MN}=\dfrac{1}{2}\mathrm{AC}$　(⓪)　……①

であり

$\angle\mathrm{MAP}=\angle\mathrm{QAC}=\angle\mathrm{APM}$

←平行線の錯角。△AMP は二等辺三角形。

ゆえに

$\mathrm{MP}=\mathrm{AM}=\dfrac{1}{2}\mathrm{AB}$　(⓪)　……②

①，②より $\dfrac{\mathrm{MP}}{\mathrm{MN}}=\dfrac{\mathrm{AB}}{\mathrm{AC}}=\dfrac{2}{3}$ であるから

$$\frac{PN}{PM}=\frac{1}{2}\quad (⓪)$$

また，PN∥AC より

$$\frac{PQ}{AQ}=\frac{PN}{AC}=\frac{\frac{1}{3}MN}{2MN}=\frac{1}{6}$$

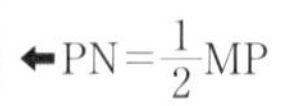

$\Leftarrow PN=\frac{1}{2}MP$

したがって

$$\frac{PQ}{AP}=\frac{1}{5}\quad (⑤)$$

(別解)　△BNM と直線 AQ にメネラウスの定理を用いて

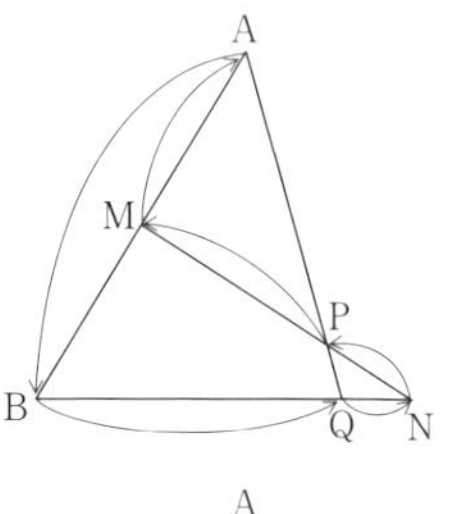

$$\frac{BQ}{QN}\cdot\frac{NP}{PM}\cdot\frac{MA}{AB}=1$$

$$\frac{4}{1}\cdot\frac{NP}{PM}\cdot\frac{1}{2}=1$$

よって　$\frac{NP}{PM}=\frac{PN}{MP}=\frac{1}{2}$

△ABQ と直線 MN にメネラウスの定理を用いて

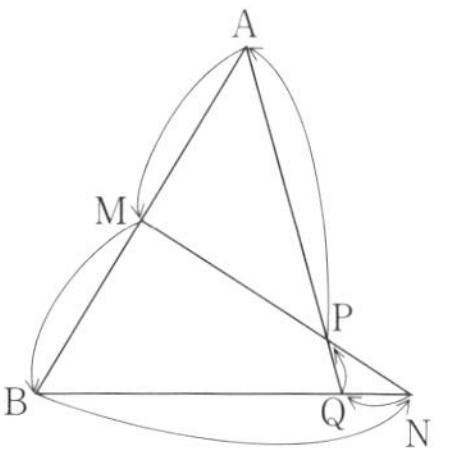

$$\frac{AM}{MB}\cdot\frac{BN}{NQ}\cdot\frac{QP}{PA}=1$$

$$\frac{1}{1}\cdot\frac{5}{1}\cdot\frac{QP}{PA}=1$$

よって　$\frac{QP}{PA}=\frac{PQ}{AP}=\frac{1}{5}$

(3)　$\frac{\triangle MBN}{\triangle PQN}=\frac{MN}{PN}\cdot\frac{BN}{QN}=\frac{3}{1}\cdot\frac{5}{1}=15$ より　$\frac{\triangle BQPM}{\triangle PQN}=14$

$\frac{\triangle AQC}{\triangle PQN}=\frac{AQ}{PQ}\cdot\frac{QC}{QN}=\frac{6}{1}\cdot\frac{6}{1}=36$ より　$\frac{\triangle APNC}{\triangle PQN}=35$

よって，四角形 BQPM の面積は，四角形 APNC の $\frac{14}{35}=\mathbf{\frac{2}{5}}$ 倍

58

〔1〕　△ABC と直線 DF にメネラウスの定理を用いると

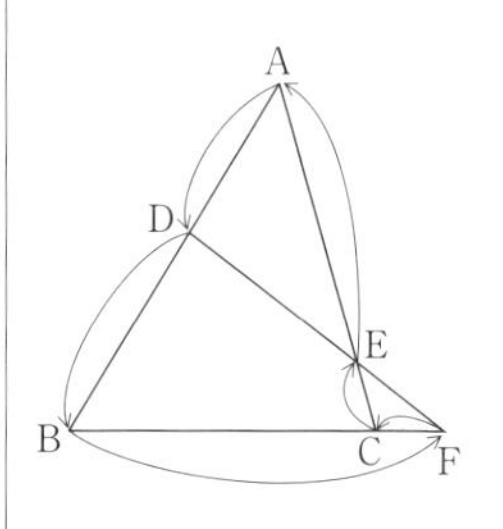

$$\frac{AD}{DB}\cdot\frac{BF}{FC}\cdot\frac{CE}{EA}=1$$

$$\frac{3}{4}\cdot\frac{BF}{FC}\cdot\frac{1}{4}=1$$

$$\therefore\quad \frac{BF}{FC}=\frac{16}{3}$$

よって

$$\frac{CF}{BC}=\mathbf{\frac{3}{13}}$$

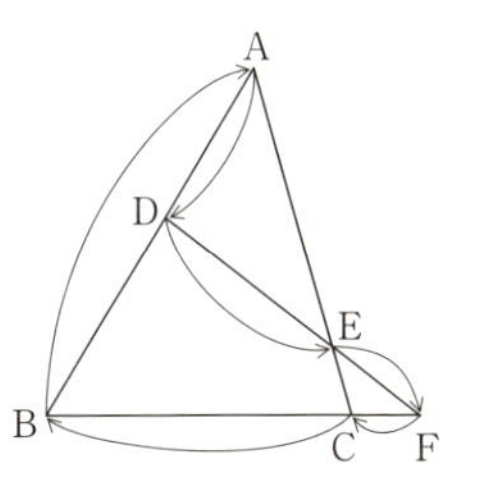

△BFD と直線 AC にメネラウスの定理を用いると

$$\frac{DE}{EF}\cdot\frac{FC}{CB}\cdot\frac{BA}{AD}=1$$

$$\frac{DE}{EF}\cdot\frac{3}{13}\cdot\frac{7}{3}=1$$

$$\therefore\quad \frac{EF}{DE}=\mathbf{\frac{7}{13}}$$

〔2〕 △ABF にチェバの定理を用いて

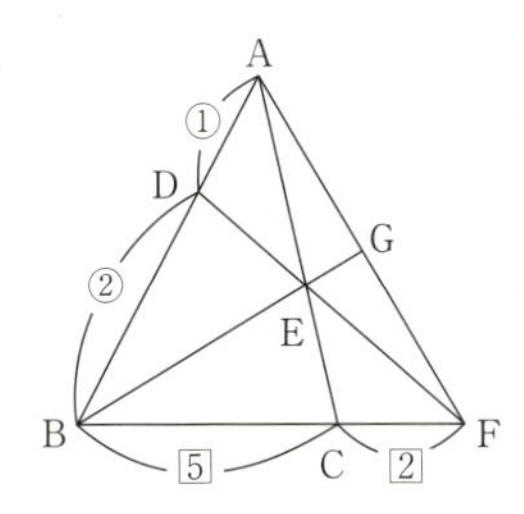

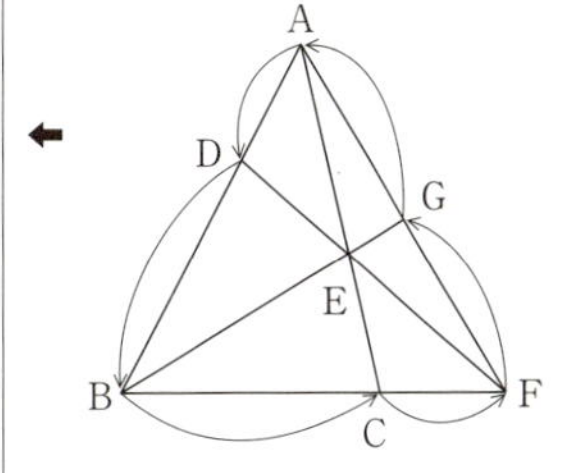

$$\frac{AD}{DB}\cdot\frac{BC}{CF}\cdot\frac{FG}{GA}=1$$

$$\frac{1}{2}\cdot\frac{5}{2}\cdot\frac{FG}{GA}=1$$

$$\therefore\quad \frac{AG}{FG}=\mathbf{\frac{5}{4}}$$

(1) 面積比について

$$\frac{\triangle ABE}{\triangle AEF}=\frac{BC}{CF}$$

$$\therefore\quad \triangle ABE=\frac{5}{2}T\quad (③)$$

$$\frac{\triangle BEF}{\triangle AEF}=\frac{BD}{AD}$$

$$\therefore\quad \triangle BEF=2T\quad (⓪)$$

$$\frac{\triangle BCE}{\triangle BEF}=\frac{BC}{BF}=\frac{5}{7}$$

$$\therefore\quad \triangle BCE=\frac{5}{7}\cdot 2T=\frac{10}{7}T\quad (⑦)$$

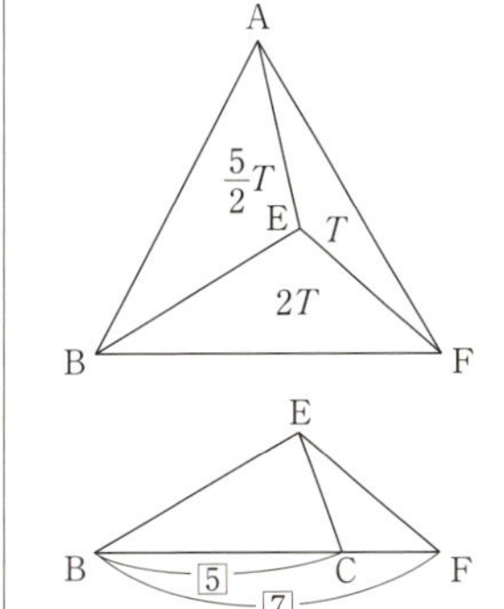

(2) △ABC=△ABE+△BCE より

$$S=\frac{5}{2}T+\frac{10}{7}T=\frac{55}{14}T$$

$$\therefore\quad \frac{T}{S}=\mathbf{\frac{14}{55}}$$

〔3〕 △ABC と直線 DF にメネラウスの定理を用いると

$$\frac{BF}{FC}\cdot\frac{CE}{EA}\cdot\frac{AD}{DB}=1$$

$$\therefore\quad \frac{BF}{CF}=\frac{DB}{CE}\cdot\frac{AE}{AD}$$

$$=\frac{2}{1}\cdot\frac{4}{3}=\mathbf{\frac{8}{3}}$$

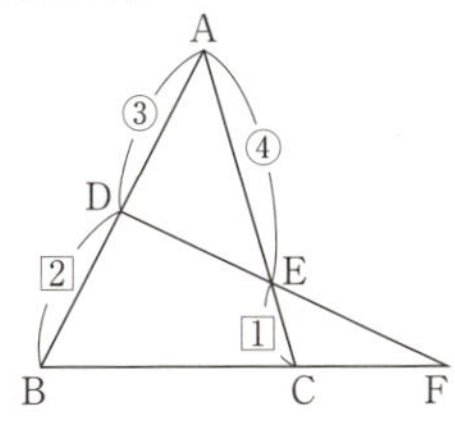

(1), (2) 4点B, C, E, Dが同一円周上にあるとき, 方べきの定理(②)より

$$AD \cdot AB = AE \cdot AC$$

$$3a(3a+2b)=4a(4a+b)$$

$$7a^2=2ab$$

$a \neq 0$ より

$$b=\frac{\mathbf{7}}{\mathbf{2}}a$$

よって

$$\frac{AB}{AC}=\frac{3a+2b}{4a+b}=\frac{10a}{\frac{15}{2}a}=\frac{\mathbf{4}}{\mathbf{3}}$$

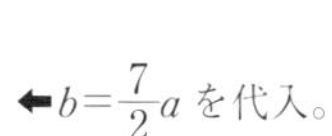

←$b=\frac{7}{2}a$ を代入。

59

(1) △ECD∽△EAB より

←∠E 共通。∠ECD=∠A

$$\frac{EC}{EA}=\frac{ED}{EB}=\frac{CD}{AB}$$

$$\frac{x}{y+\mathbf{6}}=\frac{y}{x+\mathbf{2}}=\frac{1}{5}$$

$$\therefore \begin{cases} 5x=y+6 \\ 5y=x+2 \end{cases}$$

よって

$$x=\frac{\mathbf{4}}{\mathbf{3}},\ y=\frac{2}{3}$$

FC=a, FB=b とおくと, △FCB∽△FAD より

$$\frac{FC}{FA}=\frac{CB}{AD}=\frac{FB}{FD}$$

$$\frac{a}{b+5}=\frac{2}{6}=\frac{b}{a+1}$$

$$\therefore \begin{cases} 3a=b+5 \\ 3b=a+1 \end{cases}$$

よって

$a=2$, $b=1$　∴ FC=**2**

(2) 方べきの定理より

←△BFC の外接円に注目。

$$EG \cdot EF = EC \cdot EB = \frac{4}{3} \cdot \frac{10}{3} = \frac{\mathbf{40}}{\mathbf{9}} \quad \cdots\cdots ①$$

4点F, G, C, Bは同一円周上にあるから

∠FGC=∠ABC (②)

4点A, B, C, Dは同一円周上にあるから

$\angle ABC = \angle EDC$

$\therefore\ \ \angle FGC = \angle EDC$

よって，4点E，D，C，Gは同一円周上にある。方べきの定理より

$FG \cdot FE = FC \cdot FD = 2 \cdot 3 = \mathbf{6}$　　……②

①，②より

$EF^2 = EF(EG + FG) = EF \cdot EG + EF \cdot FG$

$= \frac{40}{9} + 6 = \frac{94}{9}\ \ \ \therefore\ \ EF = \frac{\sqrt{94}}{3}$

60

(1)

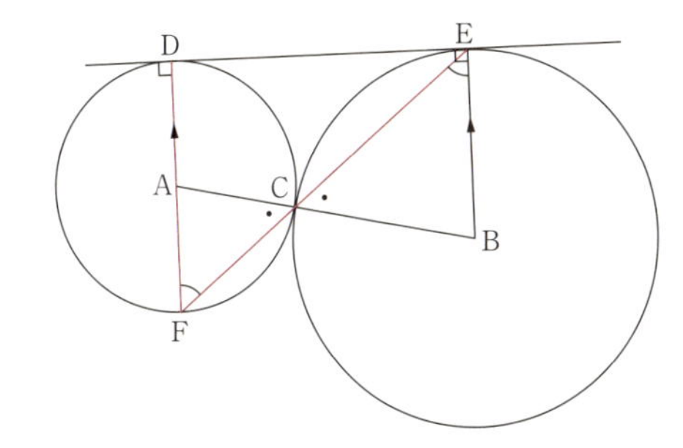

DE⊥AD，DE⊥BE より　AD∥BE（③）

ゆえに，∠CFA＝∠CEB（平行線の錯角）であり，

∠ACF＝∠BCE（対頂角）であるから，2角がそれぞれ等しく

△ACF∽△BCE（⓪，②）

よって，AF：BE＝AC：BC であり，BE＝BC（円Bの半径）より AF＝AC（⓪）とわかり，F は円 A の周上にあって DF は直径となるから　∠FCD＝**90°**

(2)

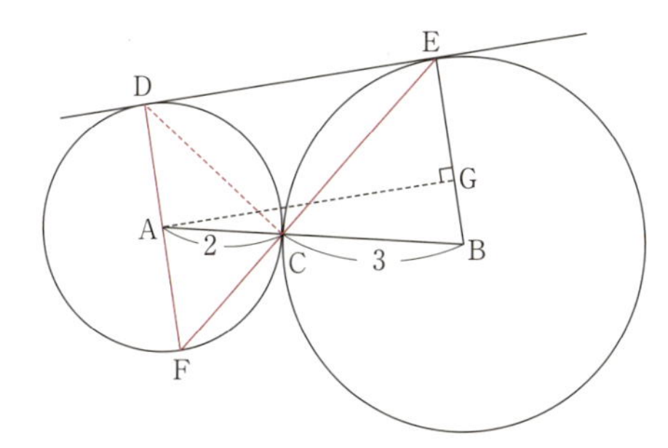

A から BE に垂線 AG を引く。AB＝2＋3＝5，BG＝3−2＝1 であるから

$$DE=AG=\sqrt{AB^2-BG^2}=\sqrt{5^2-1^2}=\mathbf{2\sqrt{6}}$$
$$EF=\sqrt{DE^2+DF^2}=\sqrt{(2\sqrt{6})^2+4^2}=2\sqrt{10}$$

△DEF の面積を考えて CD·EF＝DE·DF より

$$CD=\frac{DE\cdot DF}{EF}=\frac{2\sqrt{6}\cdot 4}{2\sqrt{10}}=\mathbf{\frac{4\sqrt{15}}{5}}$$

$$CF=\sqrt{DF^2-CD^2}=\sqrt{4^2-\left(\frac{4\sqrt{15}}{5}\right)^2}=\mathbf{\frac{4\sqrt{10}}{5}}$$

⬅∠CDA＝∠DEC が成り立つから △CDF∽△DEF となり，これより CD を求めてもよい。

61

円 P と辺 AB，BC，CA との接点をそれぞれ E，F，G とすると

$$PE=PF=BE=BF=3$$

AB＝9 より

$$AG=AE=9-3=6$$

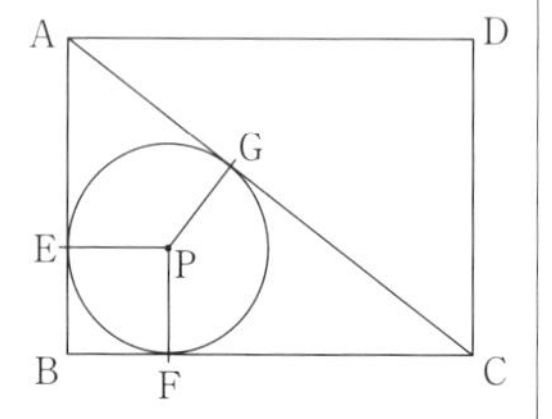

CF＝CG＝x とおくと

AC＝$x+6$，BC＝$3+x$ より

△ABC に三平方の定理を用いて

$$9^2+(x+3)^2=(x+6)^2$$
$$\therefore\quad x=9$$

よって

$$BC=9+3=\mathbf{12}$$
$$AC=9+6=\mathbf{15}$$

円 Q の半径も円 P と同じ 3 であるから

$$PQ=12-3\cdot 2=\mathbf{6}$$

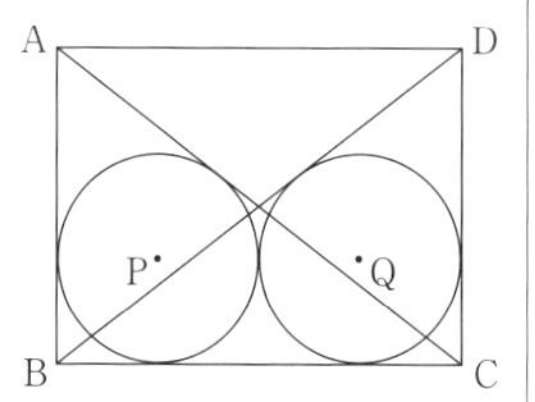

したがって，(2 円の半径の和)＝PQ であるから，2 円は外接する。(②)

⬅2 円の位置関係は中心間の距離と半径の和，差との大小関係から考える。

△PFC に三平方の定理を用いて

$$CP=\sqrt{3^2+9^2}=\mathbf{3\sqrt{10}}$$

円 P に外接し，辺 BC と線分 AC の両方に接する円の中心を R，辺 BC との接点を H とする。半径を r とすると，△CPF∽△CRH より

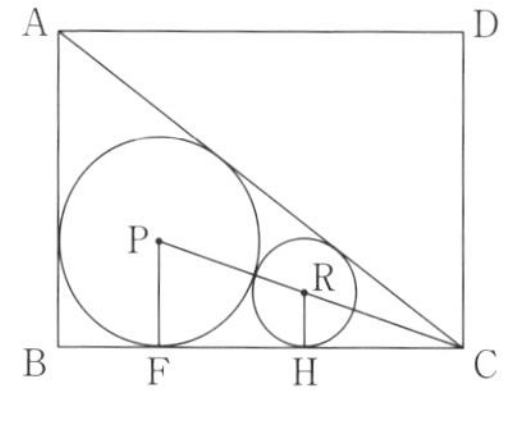

$$\frac{CP}{PF}=\frac{CR}{RH}$$
$$\therefore\quad \frac{3\sqrt{10}}{3}=\frac{CR}{r}$$
$$\therefore\quad CR=\sqrt{10}r$$

PR=3+r, CP=$3\sqrt{10}$ と CP=CR+PR から

$$3\sqrt{10}=3+r+\sqrt{10}r$$
$$(\sqrt{10}+1)r=3(\sqrt{10}-1)$$
$$r=\frac{3(\sqrt{10}-1)}{\sqrt{10}+1}$$
$$=\frac{3(\sqrt{10}-1)^2}{9}$$
$$=\mathbf{\frac{11-2\sqrt{10}}{3}}$$

62

(1)　∠A<90° のとき

　　∠GDB=∠GEB=90°（⑦）

であるから，4 点 G，E，B，D は同一円周上にある。

　したがって，弧 BD の円周角を考えて

　　∠BED=∠BGD（⓪）　　……①

　同様にして，4 点 G，C，F，E も同一円周上にあるから

　　∠CEF=∠CGF（④）　　……②

　さらに，四角形 ABGC は円 O に内接するから

　　∠DBG=∠GCF（⑥）

　また，∠BDG=∠GFC=90° であるから

　　△BGD∽△CGF

であり

　　∠BGD=∠CGF（④）　　……③

　①，②，③から

　　∠BED=∠BGD　（①より）

　　　　=∠CGF　（③より）

　　　　=∠CEF（③）（②より）

が成り立つから∠DEF=180° となり，D，E，F は一直線上にある。

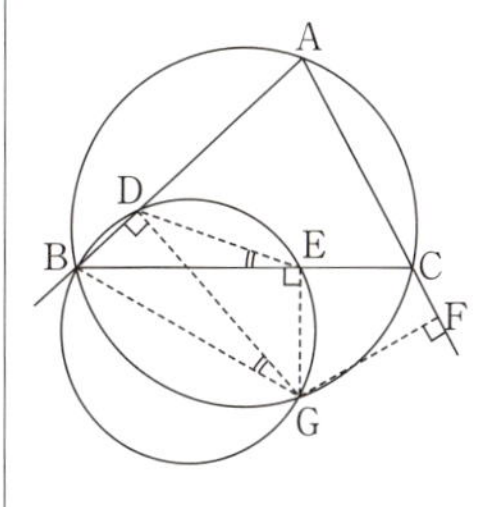

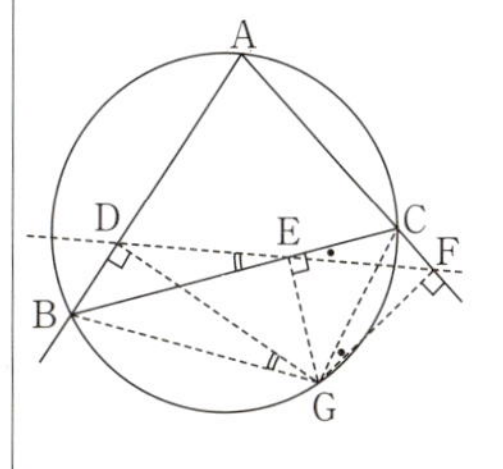

←D, E, F を通る直線をシムソン線という。

(2)　∠A=90° のとき，四辺形 ADGF は内角がすべて 90° であるから，長方形である（⓪）。

　したがって，DF=AG であり，DF が最大になるのは AG が円 O の直径になるときで，このとき D は B に，F は C に一致する。また

　　△BGE∽△GCE

であり

解説

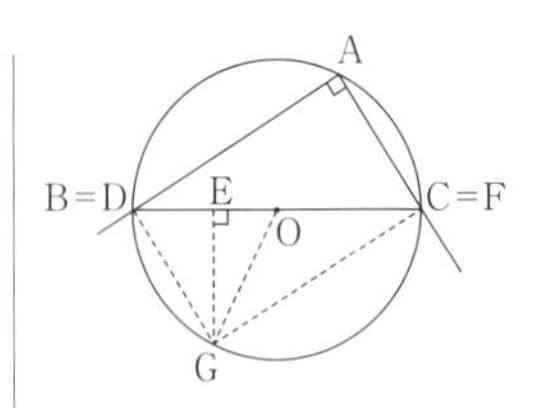

$\triangle BGE : \triangle GCE = BG^2 : GC^2$

$= AC^2 : AB^2$

ゆえに

$BE : CE = \triangle BGE : \triangle GCE$

$= AC^2 : AB^2$　(③)

63

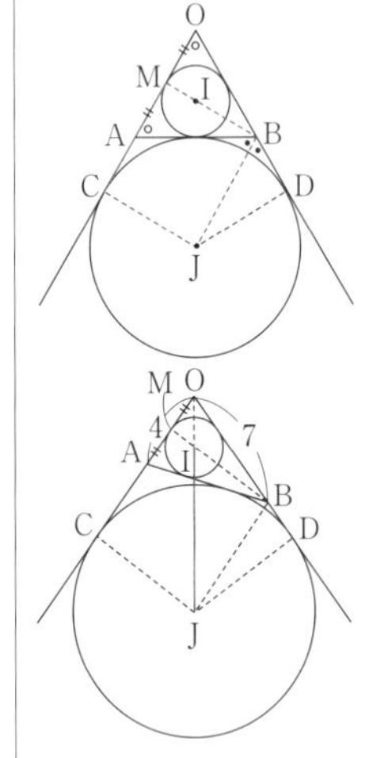

(1)　BJ は$\angle ABD$の二等分線であるから

$\angle ABD = 2\angle DBJ$（④）

$\triangle OAB$の内角を考えて

$\angle ABD = \angle BOA + \angle BAO = 2\angle BOA$（⓪，②，⓪）

ゆえに，$\angle DBJ = \angle BOA$であり，同位角が等しく

$OA \parallel BJ$（④）　　　　……①

M は二等辺三角形の底辺の中点であり　$\angle BMA = \mathbf{90}^\circ$

C は接点であるから　$\angle JCO = \mathbf{90}^\circ$

よって，$BM \parallel JC$，$\angle BMC = \angle JCM\,(=90^\circ)$であるから①も考えて，四角形 BMCJ は長方形である。

(2)　$OM = \dfrac{1}{2}OA = 2$，$BM \perp OM$より

$$BM = \sqrt{OB^2 - OM^2} = \sqrt{7^2 - 2^2} = \mathbf{3\sqrt{5}}$$

$\triangle OAB$は二等辺三角形であるから BM は$\angle OBA$の二等分線であり，B，I，M は同一直線上にある。OI は$\angle BOM$を二等分し，$BI : MI = OB : OM = 7 : 2$であるから

$$BI = \frac{7}{7+2}BM = \frac{7}{9}\cdot 3\sqrt{5} = \mathbf{\frac{7\sqrt{5}}{3}}$$

また，$\triangle OCJ$と$\triangle ODJ$は斜辺と他の 1 辺がそれぞれ等しい直角三角形であるから合同であり　$\angle JOC = \angle JOD$

よって O，I，J は同一直線上にあるから，①より

$\angle BJI = \angle JOC = \angle BOI$

となり

$BJ = BO = \mathbf{7}$

さらに，(1)より四角形 BMCJ は長方形であるから$\angle IBJ = \mathbf{90}^\circ$であり

$$IJ = \sqrt{BI^2 + BJ^2} = \sqrt{\left(\frac{7\sqrt{5}}{3}\right)^2 + 7^2} = \mathbf{\frac{7\sqrt{14}}{3}}$$

64

(1)　AB∥DCより，ABとCGのなす角はDCとCGのなす角に等しい。よって　**60°**

←△CGDは正三角形。

　ABとCFのなす角はDCとCFのなす角に等しい。

よって　**60°**

←六角形DCFJIHは正六角形。
∠DCF＝120°

　ABと面CFKGのなす角はDCと面CFKGのなす角に等しい。

よって　**45°**

←

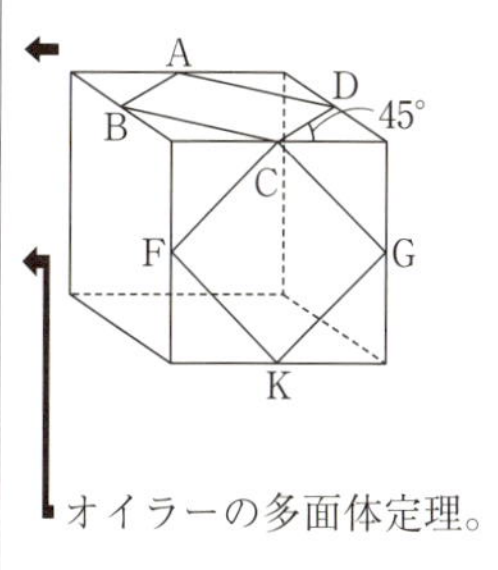

(2)　$v=\mathbf{12}$，$e=\mathbf{24}$，$f=\mathbf{14}$

$$v-e+f=12-24+14=\mathbf{2}$$

←オイラーの多面体定理。

(3)　表面積は，一辺の長さが$\sqrt{2}$の正方形が6個と，1辺の長さが$\sqrt{2}$の正三角形が8個であるから

$$6(\sqrt{2})^2+8\cdot\frac{1}{2}(\sqrt{2})^2\sin 60^\circ=\mathbf{12+4\sqrt{3}}$$

立方体から切り取った三角錐の体積は

$$\frac{1}{3}\left(\frac{1}{2}\cdot1\cdot1\right)\cdot1=\frac{1}{6}$$

←

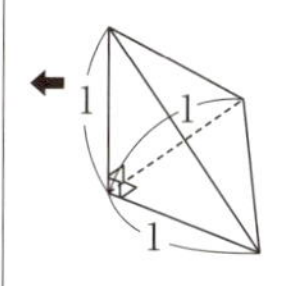

であるから，立体の体積は

$$2^3-8\cdot\frac{1}{6}=\mathbf{\frac{20}{3}}$$

また，AC＝2，CG＝$\sqrt{2}$，∠ACG＝90° より

$$\mathrm{AG}=\sqrt{2^2+(\sqrt{2})^2}=\mathbf{\sqrt{6}}$$

AC＝2，CK＝2，∠ACK＝90° より

$$\mathrm{AK}=\sqrt{2^2+2^2}=\mathbf{2\sqrt{2}}$$

短期攻略　大学入学共通テスト　数学Ⅰ・A［実戦編］

著　　者	榎　　明夫
	吉川　浩之
発行者	山﨑　良子
印刷・製本	株式会社日本制作センター
発行所	駿台文庫株式会社

〒101-0062　東京都千代田区神田駿河台1-7-4
小畑ビル内
TEL. 編集　03(5259)3302
販売　03(5259)3301
《① － 192pp.》

ISBN978-4-7961-2337-2　Printed in Japan

駿台文庫 Webサイト
https://www.sundaibunko.jp